高等学校"十二五"规划教材

市政与环境工程系列丛书·毕业设计

给水工程毕业设计范例

哈尔滨工业大学市政环境工程学院　杜茂安　张怡

U0222660

哈尔滨工业大学出版社

内 容 简 介

本范例系统地介绍了给排水科学与工程专业的《华北地区东方市的给水工程》毕业设计计算内容、计算方法和步骤。主要内容包括:取水工程、水处理和输配水工程。全书共分 10 章,由结论、输配水工程设计计算、方案技术经济比较与方案校核、地表水取水工程设计、地表水净水厂设计、地表水二泵站设计、地下水取水工程设计、地下水净水厂设计、地下水二泵站设计和设计总概算及制水成本构成,书后附设计图。

本范例可作为给排水科学与工程、环境工程专业规划教材,也可供上述专业本科毕业设计参考。

图书在版编目(CIP)数据

给水工程毕业设计范例/哈尔滨工业大学市政环境工程学院,杜茂安,张怡编著. —哈尔滨:哈尔滨工业大学出版社,2013.5
ISBN 978-7-5603-3905-4

Ⅰ.①给… Ⅱ.①哈…②杜…③张… Ⅲ.①给水工程—毕业实践 Ⅳ.①TU991

中国版本图书馆 CIP 数据核字(2012)第 314809 号

策划编辑   贾学斌   王桂芝
责任编辑   贾学斌   任莹莹
封面设计   卞秉利
出版发行   哈尔滨工业大学出版社
社   址   哈尔滨市南岗区复华四道街 10 号   邮编 150006
传   真   0451 - 86414749
网   址   http://hitpress.hit.edu.cn
印   刷   黑龙江省地质测绘印制中心印刷厂
开   本   787mm×1092mm   1/16   印张 12.5   插图 15   字数 305 千字
版   次   2013 年 5 月第 1 版   2013 年 5 月第 1 次印刷
书   号   ISBN 978-7-5603-3905-4
定   价   35.00 元

前　　言

近十余年来,高等教育无论在招生规模,还是在新增招生专业等方面,都得到快速发展。以给排水科学与工程(原给水排水工程)为例,20世纪70年代恢复高考时,仅有十几所国内高校设置该专业,招生人数不足千人,而今发展到140余所高校设置该专业,招生人数上万人。

目前,一方面我国水资源匮乏,水质污染严重,水体富营养化较普遍;另一方面国民经济快速增长,城市化进程加快,促进了用水量的增加和污废水的排放,而人民生活水平的提高要求提供优质的饮用水,这就需要培养大批有专业知识、职业技能的各种类型的给排水科学与工程专业人才。

毕业设计是本科教学计划中学生系统运用所学专业知识,依据设计规划,通过设计计算、工程绘图,全面提升专业技能的一个重要实践环节。

本范例为华北地区东方市的给水工程设计,包括取水工程、水处理及输配水工程。通过技术经济比较等多方面综合考虑,在所提出的三种方案中选定基于地表水和地下水的多水源供水方案,对此分别进行了设计计算。设计内容完整,计算正确。本设计由哈尔滨工业大学英才学院给排水科学与工程06级学生张怡完成,该设计获2010年哈尔滨工业大学优秀毕业设计,2011年获全国普通高校给排水科学与工程专业第三届优秀设计。

本范例作为给排水科学与工程、环境工程专业规划教材,可供上述专业本科毕业设计参考。

由于本范例内容广泛、计算量大、设计时间有限,难免存在疏漏之处,恳请读者给予指正。

杜茂安

2012年11月

前 言

毕业设计(论文)

华北地区东方市的给水工程

学　　生:张　怡
指导教师:杜茂安

哈尔滨工业大学

摘　要

　　众所周知,供水对人类生存至关重要。随着现代社会的发展,城镇对给排水设施的需求日益增长。尽管原水水质变差,但生活饮用水水质标准却在不断提高。本设计为华北地区东方市的给水工程设计,包括取水工程、水处理及输配水工程。经过技术经济等多方面综合考虑,作者在所提出的三种方案中选定基于地表水和地下水的多水源供水方案。根据水文地质资料和水质条件,水厂采用常规水处理工艺,即混凝沉淀、过滤和消毒。另外,增设高锰酸钾预氧化单元以去除原水中的臭味及控制三氯甲烷等消毒副产物前驱物的生成。地下水处理系统包括跌水池、除铁除锰快滤池及氯消毒工艺,以抵制水中残余病原微生物的再度繁殖。设计的最后为该给水工程的概算,包括基建费用、年经营费用及单位制水成本。本设计是对整个工程的详细说明,它是绘制图纸的依据。

　　关键词:供水;多水源供水系统;常规水处理常规工艺;预氧化;除铁除锰

Abstract

As is known to all, the supply of water is critical to the survival of life. With the development of modern society, enormous demands is being posed on water supply and wastewater disposal facilities, and the standards for water quality have significantly increased concurrent with a marked decrease in raw-water quality. The aim of this thesis is to design a water supply system for Dongfang City in North China, which consits of raw-water intake, water treatment and distribution engineering. After a comprehensive consideration which includes technical and economic aspects, the "multiple-source distribution" plan based on both surface water and ground water supply is chosen out of all the three plans. According to hydrogeological data and water quality conditions, conventional water treatment process is adopted in surface-water treatment, including chemical clarification by coagulation, sedimentation, filtration and disinfection. In addition, chemical pre-oxidation by potassium permanganate is adopted to control taste and odors as well as the formation of THMs and other DBPs. On the other hand, the deep-well water treatment system includes plunge pools, rapid sand filters for iron and manganese removal and post-treatment disinfection with free chlorine providing residual protection against potential contamination in the water distribution system. At the end of the thesis is the Budgetary Estimate, including capital construction cost, running cost per year and water supply cost per cubic meters. As the basis of drawings, this thesis is a detailed explanation of the whole project .

Key words: water supply, multi-source water distribution, conventional water treatment, pre-oxidation, iron and manganese removal

目 录

第1章 绪　论

1.1　城市概况

东方市位于我国华北地区,城市占地面积约 24 万 hm^2,人口 35.2 万。城市街道整齐,规划合理。

市区地势较为平坦,西北高,东南低,高差约 4 m。城区南方有河,河水向东折而向北流淌,城市位于河流左岸。河水水量充沛,水质良好,可作为饮用水水源。此外,该市地下水储量也较为丰富,水质好,埋藏深度不大(约 6 m),也可作为城市水源。

城市中央是一条东西方向的铁路,根据建设规划,整个城区被其分为两部分,南部为 Ⅰ 区,北部又分为 Ⅱ、Ⅲ 两区。各区均有给排水设备和独立淋浴设备,但人口密度、房屋平均层数和卫生设备情况略有差别。其中,Ⅰ 区人口密度最大,地势最低,房屋平均层数最高;Ⅱ 区位于城市西北部,地势最高;Ⅲ 区人口密度最低,房屋平均层数最低。工厂(3 个)集中位于 Ⅲ 区东北部,火车站则位于 Ⅰ 区西部的铁路沿线。

随着城市规模和工业的快速发展,东方市原有的给排水设施已无法满足用户需求,本次设计旨在解决这一用水供需矛盾的问题,提出该市给水工程设计的具体方案。

1.2　原始资料

1.2.1　设计题目

《华北地区东方市的给水工程》

1.2.2　原始资料

1.2.2.1　东方市平面图

比例尺为 1∶10 000 的城市规划总平面图一张(由指导教师给出)。

1.2.2.2　城市分区与人口密度及房屋平均层数

城市分区与人口密度及房屋平均层数见表 1.1。

1.2.2.3　该城居住房屋的卫生设备情况

城市居住房屋的卫生设备情况见表 1.2。

表 1.1　城市分区与人口密度及房屋层数

区 号	人数/万人	房屋层数
Ⅰ	14.5	7
Ⅱ	11.0	6
Ⅲ	8.7	5

表 1.2　城市居住房屋的卫生设备情况

区 号	卫生设备情况
Ⅰ	室内有给排水设备,有热水供应,供水率为100%
Ⅱ	室内有给排水设备,有热水供应,供水率为90%
Ⅲ	室内有给排水设备,有热水供应,供水率为80%

1.2.2.4　该城市工业企业用水情况

(1)A 厂:日生产总用水量 12 000 m³/d。

工人数:工人总数 1 200 人,分 3 班工作,其中在热车间工作人数占全部工人的 40%。

第一班 500 人,使用淋浴者 300 人,其中热车间 200 人;

第二班 350 人,使用淋浴者 200 人,其中热车间 140 人;

第三班 350 人,使用淋浴者 200 人,其中热车间 140 人。

(2)B 厂:日生产总用水量 15 000 m³/d。

工人数:工人总数 1 400 人,分 3 班工作,其中在热车间工作人数占全部工人的 30%。

第一班 600 人,使用淋浴者 300 人,其中热车间 180 人;

第二班 400 人,使用淋浴者 200 人,其中热车间 120 人;

第三班 400 人,使用淋浴者 200 人,其中热车间 120 人。

(3)C 厂:日生产总用水量 8 000 m³/d。

工人数:工人总数 900 人,分 3 班工作,其中在热车间工作人数占全部工人的 40%。

第一班 300 人,使用淋浴者 150 人,其中热车间 120 人;

第二班 300 人,使用淋浴者 150 人,其中热车间 120 人;

第三班 300 人,使用淋浴者 150 人,其中热车间 120 人。

(4)火车站日用水量为 2 000 m³/d。

1.2.2.5　自然概况

城市土壤种类为沙质黏土,地下水位深度为 5.00 m;冰冻线深度 0.5 m;年降水量 600 mm;城市最高温度为 33 ℃;最低温度为 −15 ℃;年平均温度 13 ℃;主导风向:夏季为东南风,冬季为东北风。

1.2.2.6　给水水源

(1)地面水源

① 流量:最大流量 1 200 m³/s,最小流量 210 m³/s。

② 最大流速：2.5 m/s；最小流速：0.6 m/s。

③ 水位的最高水位(1%)97.00 m；常水位 94.00 m；最低水位(97%)90.00 m。

④ 最低水位时河宽 60.00 m。

⑤ 冰的最大厚度 0.2 m，无潜水，无锚定冰。

⑥ 该河流为通航河段。

(2)地下水源

由表 1.3 水文地质参数和表 1.4 钻孔抽水试验资料给出。

地下水可开采量为 50 000 m³/d。

工程名称：城市水源；

钻孔编号：A_1、A_2；

钻孔深度：98.00 m；

孔径：500 mm。

表 1.3　水文地质参数

层次	地层描述	层厚/m	深度/m	层底标高/m	地下水水位/m
1	腐殖土，黑褐色	1.50	1.50	103.50	
2	砂质黏土，黄褐色	21.00	22.50	82.50	88.00
3	细纱，粒径小于0.1 mm超全重50%	16.00	38.50	66.50	
4	黏土，黄褐色	28.50	67.00	38.00	
5	中砂，粒径小于0.5 mm超全重50%	21.00	88.00	17.00	
6	黏土，黄褐色	未穿透			

表 1.4　钻孔抽水试验资料

试井 1	出水量 Q_1/(L・s⁻¹)	13.22	19.97	26.50
	水位降值 S_1/m	2.40	3.60	4.80
	单位出水量 q_1/(L・s⁻¹・m⁻¹)	5.51	5.53	5.52
	试井 2 抽水时试井 1 的水位削减值 t_1/m	0.18	0.27	0.36
试井 2	出水量 Q_2/(L・s⁻¹)	13.20	20.00	26.48
	水位降值 S_2/m	2.39	3.62	4.82
	单位出水量 q_2/(L・s⁻¹・m⁻¹)	5.52	5.51	5.54
	试井 1 抽水时试井 2 的水位削减值 t_2/m	0.18	0.27	0.36

影响半径：600 m；

试井间距：250 m；

设计井水位降：5.0 m；

设计井间距：300 m。

1.2.2.7　水源水质分析结果

水源水质分析结果见表 1.5。

表 1.5　水源水质分析结果

编号	名　称	单　位	地表水分析结果	地下水分析结果
1	水的臭和味	级	微	无
2	浑浊度	NTU	最高:700;最低:60	最高:4
3	色度	度	18	4
4	总硬度	度	13	20
5	碳酸盐硬度	度	8	8
6	非碳酸盐硬度	度	5	12
7	pH 值	—	7.1	7.2
8	碱度	度	3.2	2.3
9	溶解性固体	mg/L	400	500
10	水的温度:最高水温	℃	26	9
	最低水温	℃	0.5	8
11	细菌总数	个/mL	12 000	300
12	大肠菌群	个/mL	200	5
13	铁	mg/L	—	3.0
14	锰	mg/L	—	1.0

1.2.2.8　居民用水量逐时变化情况

居民用水量逐时变化见表 1.6。

表 1.6　居民用水量逐时变化情况

时段	0~1	1~2	2~3	3~4	4~5	5~6	6~7	7~8
用水/%	1.14	0.85	0.93	1.42	2.83	3.92	6.28	6.71
时段	8~9	9~10	10~11	11~12	12~13	13~14	14~15	15~16
用水/%	5.55	5.96	6.18	7.01	7.21	6.34	4.49	5.15
时段	16~17	17~18	18~19	19~20	20~21	21~22	22~23	23~24
用水/%	5.08	5.62	5.21	4.35	3.21	2.93	1.56	1.07

1.3 毕业设计内容

1.3.1 城市给水管网的扩大初步设计

(1)供水方案的选择(至少提出两个方案)及管网定线;
(2)用水量计算,并绘制城市最高日用水量变化曲线;
(3)比流量、沿线流量和节点流量的计算,并设计初分流量和初拟管径;
(4)进行管网平差计算(对选定方案须进行事故和消防校核);
(5)清水池容积计算;
(6)进行方案的技术经济比较,确定方案。

1.3.2 取水构筑物设计

(1)选择水源,确定取水位置;
(2)确定取水方案及取水构筑物形式;
(3)取水设备设计计算及画图。

1.3.3 净水厂技术设计的工艺部分

(1)确定处理工艺流程并选定处理方案;
(2)拟定各构筑物的设计流量、形式和数目;
(3)进行各构筑物的设计计算,绘制出各构筑物及有关细部的计算草图;
(4)确定构筑物间连接管道的位置、管径,定出水厂的高程布置和平面布置。

1.3.4 二级泵站技术设计的工艺部分

(1)根据水厂平面布置和平差结果,确定供水制度、泵站形式,进行选泵;
(2)确定水泵的布置方式;
(3)进行二泵站设计计算并绘制计算草图。

1.3.5 城市给水工程的总概算和成本估计

本设计概算主要依据《给水排水设计手册(第 10 册)》中给水工程投资估算指标中的分项指标、当地现行的建筑工程定额、设备安装定额、施工管理费定额、材料预算价格、设备价格、现行工资标准和其他各项费用指标编制。

第 2 章　输配水工程设计计算

2.1　输配水管线布置

输水和配水系统是保证输水到给水区并且配水到所有用户的全部设施，它包括：输水管渠、配水管网、泵站和清水池等。对输水和配水系统的总体要求是，保证供给用户所需要的水量，保证配水管网有必要的水压，保证不间断供水。

在本设计中，输水管线是指净水厂到配水管网间的干管，属于压力输水。输水管线沿途无流量变化，中途设置联络管。

配水管是指直接向用户配水的管道，为安全起见，该管网采用环状网，配水管内流量随用户用水量大小而变化。

2.1.1　输配水管渠线路选择

2.1.1.1　输配水管渠线路选择的原则

(1)输配水管渠应选择经济合理的线路。应尽量做到线路短、起伏小、土石方工程量少、减少跨(穿)越障碍次数、避免沿途重大拆迁、少占农田或不占农田。

(2)输配水管渠走向和位置应符合城市和工业企业的规划和要求，并尽可能沿现有道路或规划道路敷设，以利于施工和维护。城市配水干管宜尽量避开城市交通干道。

(3)输配水管渠应尽量避免穿越河谷、山脊、沼泽、重要铁路和泄洪地区，并注意避开地震断裂带、沉陷、滑坡、塌方及易发生泥石流和高侵蚀性土壤地区。

(4)生活饮用水输配水管道应避免穿过毒物污染及腐蚀性等地区，必须穿过时应采取防护措施。

(5)输水管线应充分利用水位高差，结合沿线条件优先考虑重力输水。如因地形或管线系统布置所限必须加压输水时，应根据设备和管材选用情况，结合运行费用分析，通过技术经济比较，确定增压级数、方式和增压站点。

(6)输配水管路线的选择应考虑近远期结合和分期实施的可能。

(7)城市供水应采用管道或暗渠输送原水。当采用明渠时，应采取保护水质和防止水量流失的措施。

(8)输配水管线的走向与布置应考虑与城市现状及规划的地下铁道、地下通道、人防工程等地下隐蔽性工程的协调与配合。

(9)当地形起伏较大时，采用压力输水的输水管线的竖向高程布置，一般要求在不同工况输水条件下，位于输水水力坡降线以下。

(10)在输配水管渠线路选择时，应尽量利用现有管理，减少工程投资，充分发挥现有设施作用。

2.1.1.2　输配水管渠布置的一般要求

(1)重力输水管应设检查井和通气孔。检查井间距：当管径在 700 mm 以下时，间距不大于 200 m；当管径在 700～1 400 mm 时，间距不大于 400 m。当输送原水含砂量较多时，可参照排水管道的要求设置检查井。

(2)对于重力输水的管渠，当地面坡度较大时，可在适当位置设置跌水井、减压井或者其他控制水位的措施。

(3) 对压力水管，应分析水锤出现的可能性，必要时，应设置消除水锤的装置。

(4)压力输水管道上隆起点，以及倒虹管的上下游一般应该设进水和排风气阀，以便及时排除管内气体，不致发生气阻，以及在放空管道或发生水锤时引入空气，防止管内产生负压。

(5)在输水管渠的低凹处应设置泄水管和泄水阀。泄水阀应直接接至河沟或低洼处。当不能自流排出时，可设置集水井，用提水器具将水排除。泄水管直径一般为输水管的1/3。

(6)管道上的法兰接口不宜埋在土中，应设在检查井或地沟中，特殊情况下必须埋地时，应采取保护措施，以免螺栓锈蚀，影响维修及缩短使用寿命。

(7)在输配水管道布置中，应尽量采用小角度转折，并适当加大制作弯头的曲率半径，改善管道内水流状态，减少水头损失。

(8)当输配水管道与铁路交叉时，应按《铁路工程技术规范》规定执行，并取得铁路管理部门同意。

2.1.2　配水管网布置

2.1.2.1　配水管网布置原则

(1)按照城市规划平面布置管网，布置时考虑给水系统分期建设的可能，并留有充分的发展余地。

(2)管网布置必须保证供水安全可靠，当局部管网发生事故时，断水范围应减到最小。

(3)管线应遍布整个给水区，保证用户有足够的水量和水压。

(4)力求以最短的距离敷设管线，以降低管网造价和供水能量费用。

2.1.2.2　配水管网定线

(1)管网定线时其延伸方向应与主流方向一致，从二泵站供水到大用户的方向。

(2)干管间距一般采用 500～800 m，干管之间的连接管间距，根据街区情况考虑采用800～1 000 m，根据不同要求可以适当放大间距。

(3)干管的服务面积较均匀。

(4)干管应符合城市规划道路，并且尽量避开高级路面和重要道路。

2.2　供水方案的选择

由原始设计资料知，东方市地下水水源较充足，可开采 5×10^4 m³/d，相关水文地质和钻孔抽水试验资料均在地面标高 104.50 m(城市北部)处获得,经简单处理(除铁除锰、消毒等)后,可作为饮用水或生产冷却水等。另外,城市南面有一条河向东折而向北流淌,水量较为充沛(最大流量 1 200 m³/s,最小流量 210 m³/s),水质良好,且河床地质条件稳定,水面宽阔,不会因取水头部的建设而影响其通航能力,也可作为城市水源。

根据城市的地形图可知,东方市地势较平坦,西北高,东南低。而水源地位于地势最低的东南方,故需采用压力供水方式。水厂拟建于城市西南角,靠近城市和河流上游的水源地。

根据给水管网的布置要求,为保证供水安全可靠,并考虑分期建设的可能,采用环状管网。这种形式的管网中,管线连接成环状,任一段管线损坏时,可以关闭附近的阀门和其余管线隔开,进行检修,而水还可从另外管线供应用户,断水的地区可以缩小,从而提高了供水的可靠性。同时,环状网还可大大减轻因水锤作用产生的危害,而在树状网中,则往往因此而使管线损坏。此外,树状网供水可靠性较差,在末端,因用水量很少,管中的水流缓慢,而水质容易变坏。

现根据城市规划图及各区用水情况初步拟定 3 套管网定线方案:统一给水、分质给水和多水源给水系统。具体如下:

统一给水系统,是用同一系统供应生活、生产和消防等各种用水,设备集中,便于管理,水质统一,但管网首末端压差大,漏失率高,耗能高。

分质给水系统中,从河流上游取水,经处理后供应生活、消防等用水。同时,也在河流下游(城市东南角)取水,经简单处理后就近供应对水质要求不高的工厂生产用水,采用树状管网。由于大用户(3 家工厂)集中位于管网末端,该方案可减轻环状管网的负荷,降低漏失率和能耗,但需要另建水厂和泵站,设备分散,不便管理。

多水源供水系统,即同时取用上游的河水和地下水,其中地下水主要供给东南的大用户及沿线用户。这样大大提高了供水系统的安全性,降低了管网首末端压差,有利于城市的远期发展,但也存在设备分散等问题。

两种方案各有特点,需经过技术经济比较后确定。

2.3　统一给水方案设计计算

2.3.1　最高日用水量计算

给水系统设计时,首先应确定该系统在设计年限内达到的用水规模。设计用水量由下列各项组成:

(1)居民生活用水;
(2)工业企业生产用水和工作人员生活用水;
(3)消防用水;
(4)浇洒道路和绿地用水;
(5)市政用水、公共建筑用水;
(6)未预见水量及管网漏失水量。

2.3.1.1　用水量标准

（1）居民生活用水　城市居民生活用水量与城市人口、每人每日平均生活用水量和城市给水普及率等因素有关。根据原始资料，参照室外给水设计规范，确定Ⅰ、Ⅱ、Ⅲ区用水量标准为 200 L/(人·d)。

（2）工业企业生产用水和工作人员生活用水　工业企业生产用水由原始设计资料给出。工作人员生活用水量根据车间性质决定，参照《给水排水设计手册》，一般车间采用每人每班 25 L，高温车间采用每人每班 35 L。工业企业内工作人员的淋浴用水量，一般车间采用每人每班 40 L，高温车间为 60 L。

（3）消防用水　东方市城市人口为 33.2 万，根据现行的《建筑设计防火规范》，采用室外消防用水量为 65 L/s，同时发生火灾的次数为 2 次。

（4）其他用水　浇洒道路用水量一般为 1～1.5 L/(次·m²)，每天 2 次，取 1.2 L/(次·m²)。浇洒绿地用水量一般为 1.5～2.0 L/(次·m²)，取 1.8 L/(次·m²)。未预见水量和管网漏失量按最高日用水量的 15%～25% 计，取 20%。

2.3.1.2　城市居住区的最高日生活用水量 Q_1

$$Q_1 = qNf \tag{2.1}$$

式中　Q_1—— 最高日生活用水量，m^3/d；

　　　q—— 最高日生活用水量定额，$m^3/(d·人)$；

　　　N—— 设计年限内计划人口数；

　　　f—— 城市自来水普及率，按 100% 计算。

则居民区生活用水量分别为

Ⅰ区　$Q_{1Ⅰ}/(m^3·d^{-1}) = qN_Ⅰf_Ⅰ = 200 \times 10^{-3} \times 14.5 \times 10^4 \times 100\% = 2.9 \times 10^4$

Ⅱ区　$Q_{1Ⅱ}/(m^3·d^{-1}) = qN_Ⅱf_Ⅱ = 200 \times 10^{-3} \times 11.0 \times 10^4 \times 90\% = 1.98 \times 10^4$

Ⅲ区　$Q_{1Ⅲ}/(m^3·d^{-1}) = qN_Ⅲf_Ⅲ = 200 \times 10^{-3} \times 8.7 \times 10^4 \times 80\% = 1.392 \times 10^4$

则最高日用水量总和为

$$Q_1/(m^3·d^{-1}) = \sum Q_i = Q_{1Ⅰ} + Q_{1Ⅱ} + Q_{1Ⅲ} = 62\,720$$

2.3.1.3　工厂生产用水量 Q_2

A 厂日生产用水量为 12 000 m^3/d；

B 厂日生产用水量为 15 000 m^3/d；

C 厂日生产用水量为 8 000 m^3/d。

则　　　$Q_2/(m^3·d^{-1}) = Q_{2A} + Q_{2B} + Q_{2C} = 12\,000 + 15\,000 + 8\,000 = 35\,000$

2.3.1.4　工厂职工生活及淋浴用水量 Q_3

$$Q_3 = 用水量标准 \times 车间工人人数 \tag{2.2}$$

则 A 厂生活用水量为

$Q_{A生}/(m^3·d^{-1}) = (300 + 210 + 210) \times 25 \times 10^{-3} + (200 + 140 + 140) \times 35 \times 10^{-3} = 34.8$

淋浴用水量为

$Q_{A淋}/(m^3·d^{-1}) = (200 + 140 + 140) \times 60 \times 10^{-3} + (100 + 60 + 60) \times 40 \times 10^{-3} = 37.6$

B 厂生活用水量为

$$Q_{B生} / (m^3 \cdot d^{-1}) = (420 + 280 + 280) \times 25 \times 10^{-3} + (180 + 120 + 120) \times 35 \times 10^{-3} = 39.2$$

B 厂淋浴用水量为

$$Q_{B淋} / (m^3 \cdot d^{-1}) = (180 + 120 + 120) \times 60 \times 10^{-3} + (120 + 80 + 80) \times 40 \times 10^{-3} = 36.4$$

C 厂生活用水量为

$$Q_{C生} / (m^3 \cdot d^{-1}) = 180 \times 25 \times 3 \times 10^{-3} + 120 \times 35 \times 3 \times 10^{-3} = 26.1$$

C 淋浴用水量为

$$Q_{C淋} / (m^3 \cdot d^{-1}) = 120 \times 60 \times 3 \times 10^{-3} + 30 \times 40 \times 3 \times 10^{-3} = 25.2$$

总计

$$Q_3 / (m^3 \cdot d^{-1}) = 34.8 + 37.6 + 39.2 + 36.4 + 26.1 + 25.2 = 199.3$$

2.3.1.5　火车站用水量 Q_4

$$Q_4 = 2\ 000\ m^3/d$$

2.3.1.6　浇洒绿地道路用水量 Q_5

$$Q_5 = N_1 (A_1 + A_3) q_1 + N_2 A_2 q_2 \tag{2.3}$$

式中　　Q_5——浇洒绿地道路用水量，m^3/d；

N_1——每天浇洒绿地的次数；

N_2——每天浇洒道路的次数；

A_1——绿地面积，m^2；

A_2——所需浇洒道路的面积，m^2；

A_3——所需浇洒公园绿地的面积，m^2；

q_1——浇洒绿地用水量标准，$L/(次 \cdot m^2)$；

q_2——浇洒道路用水量标准，$L/(次 \cdot m^2)$。

则

$$Q_5 / (m^3 \cdot d^{-1}) = 2 \times 19.24 \times 10^4 \times 1.2 \times 10^{-3} +$$
$$2 \times 16.41 \times 10^4 \times 1.8 \times 10^{-3} = 1\ 052.61$$

2.3.1.7　未预见水量和管网漏损水量 Q_6

$$Q_6 / (m^3 \cdot d^{-1}) = 0.20 \times (31\ 103.05 + 20\ 158.8 + 49\ 710.06) = 20\ 194.384$$

2.3.1.8　城市最高日设计用水量 Q_d

$$Q_d / (m^3 \cdot d^{-1}) = Q_1 + Q_2 + Q_3 + Q_4 + Q_5 + Q_6 =$$
$$62\ 720 + 35\ 000 + 199.3 + 2\ 000 + 1\ 052.61 +$$
$$20\ 194.384 = 121\ 166.294$$

2.3.2　全市最高日逐时用水量

2.3.2.1　最高日逐时用水量

计算时生活用水按原始资料中的时变化系数分配。

工厂第一班上班时间为 8：00，淋浴发生在下班时，工厂淋浴及浇洒道路用水避开用水最高峰。

车站用水全天平均分配,未预见水量全天均匀分配。

由计算表中可看出统一供水时,最大时用水量为 6 910.219 m³/h,发生在 12～13 时,占总用水量的 5.70%。

详见附录 1。

2.3.2.2　最高日用水量变化曲线

根据城市总用水量逐时变化综合表,可绘制出城市最高日用水量逐时变化曲线,如图 2.1 所示。

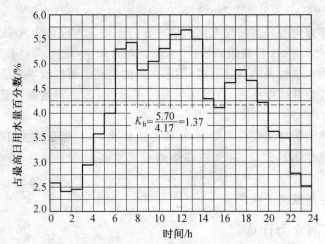

图 2.1　统一供水方案最高日用水量逐时变化曲线

2.3.3　全市最高日消防时用水量计算

$$Q_{xmax} = Q_h + Q_x \qquad (2.4)$$

式中　　Q_{xmax}——最高时消防用水量,L/s;

　　　　Q_h——最高日最高时用水量,L/s;

　　　　Q_x——消防用水量,L/s。

则　　　　　　　$Q_{xmax}/(\text{L} \cdot \text{s}^{-1}) = 1\ 919.505 + 2 \times 65 = 2\ 049.505$

作为校核的依据。

2.3.4　清水池容积计算

由于城市用水量较大,若设置水塔,水塔体积将比较大,大大增加工程造价,也不利于远期的发展,故本设计不设置水塔。二泵站供水曲线与用户用水曲线重合,则清水池有效容积为

$$W = W_1 + W_2 + W_3 + W_4 \qquad (2.5)$$

式中　　W_1——调节容积,m³,W_1 占最高日用水量的 11.33%,计算详见附录 2;

　　　　　　　$W_1/\text{m}^3 = 121\ 166.294 \times 11.33\% = 13\ 728.14$

　　　　W_2——消防储水量,m³,按 2 h 火灾延续时间计算;

$$W_2/m^3 = 65 \times 2 \times 2 \times 3.6 = 936$$

W_3—— 水厂自用水，m^3，(按最高日用水量的 5% 计算)；

$$W_3/m^3 = 121\ 166.294 \times 5\% = 6\ 058$$

W_4—— 安全储量，m^3，取 977.86 m^3。

则　　　　　　　　$W/m^3 = 13\ 728.14 + 936 + 6\ 058 + 977.86 = 21\ 700$

有关清水池的详细设计见净水厂设计部分。

2.3.5　管网定线

本方案特点如下：

(1) 干管延伸方向与二泵站向大用户供水方向一致。本设计中大用户有 4 个，即 A、B、C 三个工厂及火车站，A 厂最远，设计中主流方向为东南，流向 A 厂；

(2) 干管从用水量较大的街区通过，用水大户的道路上都敷设了干管；

(3) 布置干管使其接近平行，以提高供水的可靠性，考虑到始端水量水压充足，干管的间距有所放宽；

(4) 在干管和干管之间设置连接管，从而形成环状网，以保证供水可靠；

(5) 干管在规划道路定线，避免在高级路面或重要道路下通过，并尽量减少单侧配水；

(6) 本设计穿越铁路 3 次。

2.3.6　管网水力计算

2.3.6.1　比流量计算

城市给水管线中，干管配水情况比较复杂。计算时假定用水量均匀分布在全部干管上，由此算出干管单位长度的流量，即比流量，计算式为

$$q_s = \frac{Q + \sum q}{\sum L} \tag{2.6}$$

式中　　q_s—— 比流量，$L/(s \cdot m)$；

Q—— 管网总用水量，L/s；

$\sum q$—— 大用户集中用水量总和，L/s；

$\sum L$—— 干管总长度，m，不计穿越铁路、广场、公园等建筑地区的管线，沿河埋
　　　　设的只有一侧配水的管线，长度按一半计。

由于各区用水量标准不同，应分别计算。

Ⅰ 区管长 $L_1 = 11\ 533$ m，则 $Q_{1未}$ 为

$$Q_{1未}/(m^3 \cdot h^{-1}) = Q_未 \times \frac{Q_1}{Q_h} = 841.438 \times \frac{2\ 174.24}{6\ 068.656} = 301.465$$

Ⅰ 区比流量为

$$q_{sⅠ}/(L \cdot s^{-1} \cdot m^{-1}) = \frac{2\ 090.9 + 301.465}{3.6 \times 11\ 533} = 0.057\ 6$$

Ⅱ 区管长 $L_2 = 11\,584$ m，则 $Q_{2\text{末}}$ 为

$$Q_{2\text{末}}/(\text{m}^3 \cdot \text{h}^{-1}) = Q_{\text{末}} \times \frac{Q_2}{Q_\text{h}} = 841.438 \times \frac{1\,427.58}{6\,068.656} = 197.938$$

Ⅱ 区比流量为

$$q_{\text{sⅡ}}/(\text{L} \cdot \text{s}^{-1} \cdot \text{m}^{-1}) = \frac{1\,427.58 + 197.938}{3.6 \times 11\,584} = 0.040\,1$$

Ⅲ 区管长 $L_{\text{Ⅲ}} = 11\,766$ m，则 $Q_{3\text{末}}$ 为

$$Q_{3\text{末}}/(\text{m}^3 \cdot \text{h}^{-1}) = Q_{\text{末}} \times \frac{Q_1}{Q_\text{h}} = 841.438 \times \frac{2\,466.836}{6\,068.656} = 342.035$$

Ⅲ 区比流量为

$$q_{\text{sⅢ}}/(\text{L} \cdot \text{s}^{-1} \cdot \text{m}^{-1}) = \frac{1\,003.632 + 342.035}{3.6 \times 11\,766} = 0.031\,8$$

2.3.6.2　节点流量计算

按照用水量在全部干管上均匀分配的假定，以求出沿线流量，只是一种简化的方法。但是每一管段的沿线流量还是沿线变化的，不便于确定管径和水头损失，需将沿线流量化成节点流量。沿线流量计算式为

$$q_1 = q_\text{s} \times l \tag{2.7}$$

式中　　q_1——沿线流量，L/s；

　　　　l——该管段长度，m。

沿线流量计算结果详见附录 3。

管网中任意管段的流量由 3 部分组成，一部分是该管段分配的沿线流量，一部分是通过该管段输水到以后管段的传输流量，另一部分是节点附近的集中流量。任一节点流量等于该节点相连管段沿线流量总和的一半。节点流量计算式为

$$q_i = 0.5 \sum q_{ij} \tag{2.8}$$

式中　　q_i——节点 i 的流量，L/s；

　　　　q_{ij}——节点 i 的相关管段 $i-j$ 的流量，L/s。

节点流量计算结果见附录 4。

2.3.6.3　初分流量

流量分配的目的是初步确定各管段的流量，从而选定管径。为此，必须按最大时用水量进行流量分配。环状管网中，流量分配比较复杂，并不唯一。初分流量时，流向任意节点的流量必须等于流离该节点的流量，以保持水流的平衡，用公式表示为

$$Q_i = \sum q_{ij} = 0 \tag{2.9}$$

式中　　Q_i——节点 i 的节点流量，L/s；

　　　　q_{ij}——节点 i 到 j 的管段流量，L/s。

其中，假定离开节点的流量为正，流向节点的流量为负。

分配流量时，应事先按照管网的主要流向，拟定每一管段的水流方向，并选定保证整个管网自由水压的控制点。一般选择离二泵站最远、地形又较高的地方作为控制点。为

了安全供水,从泵站到控制点的几条主要干管中,应大体均匀分配流量,并尽可能采用相近的管径。这样,当其中一条干管损坏时,不会引起其他干管的负荷过大,管网流量也不至减少过多。至于与干管相垂直的连接管,主要通过联通平行干管之间的流量,平时流量一般不大,仅供水到管网两侧的用户,只有在干管损坏时,才传输较大流量。

总之,在流量分配时,不仅要考虑经济问题,而且要保证安全供水,即考虑可靠性问题,从而选出技术经济最优方案。

2.3.6.4　初拟管径

管径不但和管段流量有关,而且和流速有关。为了防止管网因水锤现象出现事故,最高流速限制在 $2.5 \sim 3$ m/s 范围内,在输送源水时,为避免水中杂质在水管中沉淀,最低流速应大于 0.6 m/s,可见技术上允许的流速幅度较大。此外,还应根据当地经济条件,考虑管网的造价和经营管理费用,选定合适流速。

由管径计算公式得出,流量已定时,管径和流速的平方根成反比,流速减少时,管径增大,相应的管网造价增加,但管网中的水头损失减小,水泵所需扬程降低,经营电费可以节约。相反,如果流速大些,管径虽然减小,管网造价有所下降,但水头损失增大,经营电费增加。因此,一般采用优化法求得最优解,具体表现为,按一定年限内(称为投资偿还期)管网造价和管理费用(主要是电费)之和为最小时的流速(经济流速)来确定管径。

在实际工程中,可简便地应用"界限流量法"确定管径。界限流量见表 2.1。

表 2.1　界限流量表

管径 /mm	界限流量 /(L·s⁻¹)	管径 /mm	界限流量 /(L·s⁻¹)	管径 /mm	界限流量 /(L·s⁻¹)
100	< 9	350	$68 \sim 96$	700	$355 \sim 490$
150	$9 \sim 15$	400	$96 \sim 130$	800	$490 \sim 685$
200	$15 \sim 28.5$	450	$130 \sim 168$	900	$685 \sim 822$
250	$28.5 \sim 45$	500	$168 \sim 237$	1 000	$822 \sim 1 120$
300	$45 \sim 68$	600	$237 \sim 355$		

根据折算流量可以求出标准管径

$$q_0 = \sqrt[3]{fq_{ij}} \times \sqrt[3]{\frac{Qx_{ij}}{q_{ij}}}$$

$$q_0 = \sqrt[3]{fq_{ij}} \tag{2.10}$$

式中　　q_0 —— 折算流量,L/s;

　　　　Q —— 进入管网的总流量,L/s;

　　　　q_{ij} —— 管段流量,L/s;

　　　　f —— 经济因素;

　　　　x_{ij} —— 虚流量,用以表示该管段流量占总流量 Q 的比例,当通过管网的总流量 Q 为 1 时,各管段值在 $0 \sim 1$ 之间。

两式的区别为,前者考虑管网内各管段之间的相互关系,此时需通过管网技术经济计

算求得管段 x_{ij} 值;而后者指单独工作的管线,并不考虑该管与管网中其他管段的关系。根据式(2.10)求得的折算流量 q_0,查表即得经济的标准管径。

统一供水方案流量分配及管径初拟情况见附录 5。

2.3.7　管网平差

2.3.7.1　管网平差的目的

管网平差是在已定管径的基础上,重新分配各管段的流量,直至符合连续性方程和能量方程。管网平差的目的在于确定各管段的流量及管径、节点的水压。

环状网计算时,必须符合以下水力条件:

(1)节点流量必须平衡,应满足连续性方程:$Q_i = \sum q_{ij} = 0$;

(2)闭合环内水头损失必须平衡,应满足能量方程:$\sum S_{ij} q_{ij}^n = 0$。

2.3.7.2　电算平差

利用上述原则和理论,借助计算机进行管网平差计算。设计程序编制平差的目的在于根据初分流量和初拟管径,上机进行平差计算,算出最大用水时管路水头损失,确定二泵站扬程。

2.3.7.3　平差电算调试

上述平差计算所采用的管径是根据界限流量表选定的,流量的分配有不合理之处,必须进行调整,以使整个管网流量分配更合理。同时,也考虑到消防和事故校核而放大个别管径。平差结果见附录 6。

2.3.8　输水管水力计算

2.3.8.1　管渠信息统计

统一供水方案输水管信息见表 2.2。

表 2.2　统一供水方案输水管信息表

材质	管径 /mm	管长 /m	流量 /(L・s^{-1})	条数
铸铁管	1 000	330	959.278	2

2.3.8.2　水力计算

两条输水管并联输水,每条输水管的流量 $Q = 959.278$ L/s。

查《给水排水设计手册(第二版)》(第一册,常用资料)中铸铁管水力计算表:DN1000 的管道,$Q = 959.278$ L/s 时,$v = 1.22$ m/s,$1000i = 1.60$,则输水管水头损失 $h = 1.60 \times 0.33$ m $= 0.528$ m。

2.4　分质供水方案设计计算

2.4.1　概述

方案二采用分质供水,此方案城市管网布置与方案一相同(管径有变化)。由于工厂为冷却循环用水,只需沉淀出水即可,且其离水源很近,因此将沉淀池出水经专门的清水池和水泵供其用于生产用水,不经过滤池过滤和消毒工艺。工厂生活用水仍由城市管网供给,因此管网定线只比方案一多出生产用水输水管,城市管网不变。

2.4.2　最高日用水量

2.4.2.1　分质供给工厂生产的水量

A 厂日生产用水量为 12 000 m³/d;

B 厂日生产用水量为 15 000 m³/d;

C 厂日生产用水量为 8 000 m³/d。

$$Q/(m^3 \cdot d^{-1}) = Q_A + Q_B + Q_C = 12\ 000 + 15\ 000 + 8\ 000 = 35\ 000$$

设计中应考虑输水管的漏失量等未预见水量(15% ~ 25%),取 $Q' = 42\ 000$ m³/d (486.11 L/s)。

2.4.2.2　城市用水量

计算方法同统一供水用水量计算,城市用水量不包括分质供给 A、B、C 厂的生产用水。

$$Q''/(m^3 \cdot d^{-1}) = 1.2 \times (Q_1 + Q_3 + Q_4) = 1.2 \times (62\ 720 + 199.3 + 2\ 000) =$$
$$86\ 166.294(m^3/d)(1\ 387.77\ L/s)$$

2.4.2.3　最高日总用水量

$$Q/(m^3 \cdot d^{-1}) = Q' + Q'' = 42\ 000 + 86\ 166.294 = 128\ 166.294(1\ 483.406\ L/s)$$

2.4.3　全市最高日逐时用水量

2.4.3.1　最高日逐时用水量

生活用水按原始资料中的时变化系数分配。

工厂第一班上班时间为 8:00,淋浴发生在下班时,工厂淋浴及浇洒道路用水避开用水最高峰。

车站用水全天平均分配,未预见水量全天均匀分配。

由计算表可看出分质供水时,最大时用水量为 5 451.889 m³/h,发生在 12~13 时,占总用水量的 6.33%。

详见附录 7。

2.4.3.2　最高日用水量变化曲线

根据城市总用水量逐时变化综合表,可绘制出城市最高日用水量逐时变化曲线,如图2.2所示(不包括工厂生产用水)。

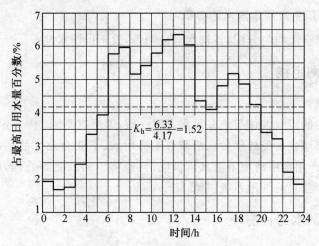

图 2.2　分质供水方案最高日用水量逐时变化曲线

2.4.4　全市最高日消防时用水量计算

$$Q_{xmax} = Q_h + Q_x \tag{2.11}$$

式中　　Q_{xmax}—— 最高时消防用水量,L/s;

$\qquad Q_h$—— 最高日最高时用水量,L/s;

$\qquad Q_x$—— 消防水用水量,L/s。

则　　　　　　$Q_{xmax}/(L \cdot s^{-1}) = 1\ 919.505 + 2 \times 65 = 2\ 049.505$

作为校核的依据。

2.4.5　清水池容积计算

同样不设水塔,二泵站供水曲线与用户用水曲线重合。分质供水需设置两座清水池,一座大的作为常规供水的清水池,一座小的作为沉淀池出水供给工厂生产用水的水量调节池。

2.4.5.1　城市用水清水池容积

根据式(2.5),有

$$W = W_1 + W_2 + W_3 + W_4$$

式中　　W_1—— 调节容积,m³,W_1占最高日用水量的15.93%,计算详见附录8;

$\qquad\qquad W_1/m^3 = 86\ 166.294 \times 15.93\% = 13\ 726.29$

$\qquad W_2$—— 消防储水量,m³,按2 h火灾延续时间计算;

$\qquad\qquad W_2/m^3 = 65 \times 2 \times 2 \times 3.6 = 936.00$

$\qquad W_3$—— 水厂自用水,m³,取最高日用水量的5%;

分质供水：　　　　　　$W_3/\mathrm{m}^3 = 86\ 166.294 \times 5\% = 4\ 308.31$

W_4—— 安全储量，m^3，取 929.4 m^3。

则　　　　　　$W/\mathrm{m}^3 = 13\ 726.29 + 936.00 + 4\ 308.31 + 929.4 = 19\ 900$

2.4.5.2　工厂生产用水清水池容积

工业生产用水全天均匀分配，且输水管设两条，故不设清水池。

2.4.6　管网定线

本方案的特点如下：

分质供水方案的特点大体与统一供水方案一致，但略有不同。

河流上游所取地表水经处理后供给城市生活用水、工业企业生活用水及公共建筑用水等，而工厂的生产用水由河流下游水厂供应，只经简单的沉淀等处理，即生活用水与生产用水分别由两个独立的管网系统供给。

2.4.7　管网水力计算

2.4.7.1　比流量计算

计算方法同统一供水方案。

Ⅲ 区最高用水时

$$Q_{\mathrm{III}}/(\mathrm{m}^3 \cdot \mathrm{d}^{-1}) = Q_{1\mathrm{III}} + (Q_{A生活} + Q_{B生活} + Q_{C生活}) =$$
$$7.21\% \times 13\ 920 + (0.84 + 0.9) + (0.756 + 1.312) +$$
$$(0.562 + 0.504) = 1\ 008.506$$

未预见水量

$$Q'_6/\mathrm{m}^3 = 0.2 \times (Q_1 + Q_3 + Q_4) = 13\ 194.382(549.766\ \mathrm{m}^3/\mathrm{h})$$

Ⅰ 区管长 $L_1 = 11\ 533$ m，则 $Q_{1未}$ 为

$$Q_{1未}/(\mathrm{m}^3 \cdot \mathrm{h}^{-1}) = Q_未 \times \frac{Q_1}{Q_h} = 549.766 \times \frac{2\ 174.24}{4\ 610.326} = 259.271$$

Ⅰ 区比流量为

$$q_{s1}/(\mathrm{L} \cdot \mathrm{s}^{-1} \cdot \mathrm{m}^{-1}) = \frac{2\ 090.9 + 259.271}{3.6 \times 11\ 533} = 0.057\ 65$$

Ⅱ 区管长 $L_2 = 11\ 584$ m，则 $Q_{2未}$ 为

$$Q_{2未}/(\mathrm{m}^3 \cdot \mathrm{h}^{-1}) = Q_未 \times \frac{Q_2}{Q_h} = 549.766 \times \frac{1\ 427.58}{4\ 610.326} = 170.234$$

Ⅱ 区比流量为

$$q_{s\mathrm{II}}/(\mathrm{m}^3 \cdot \mathrm{h}^{-1}) = \frac{1\ 427.58 + 170.234}{3.6 \times 11\ 584} = 0.038\ 31$$

Ⅲ 区管长 $L_1 = 11\ 766$ m，则 $Q_{1未}$ 为

$$Q_{1未}/(\mathrm{m}^3 \cdot \mathrm{h}^{-1}) = Q_未 \times \frac{Q_1}{Q_h} = 549.766 \times \frac{13\ 194.382}{4\ 610.326} = 120.261$$

Ⅲ 区比流量为

$$q_{s\mathrm{III}}/(\mathrm{L}\cdot\mathrm{s}^{-1}\cdot\mathrm{m}^{-1}) = \frac{1\,003.632 + 120.261}{3.6\times 11\,766} = 0.026\,53$$

2.4.7.2　节点流量计算

沿线流量计算结果详见附录 9。

节点流量计算见附录 10。

2.4.7.3　初分流量

流量分配原则同统一供水方案。

2.4.7.4　初拟管径

管径拟定的原则同统一供水方案。初分流量及初拟管径情况详见附录 11。

2.4.8　管网平差

平差计算的原理和方法等同统一供水系统。平差结果见附录 12。

2.4.9　输水管水力计算

2.4.9.1　管渠信息统计

分质供水方案输水管信息见表 2.3。

表 2.3　分质供水方案输水管信息表

材质	管径 /mm	管长 /m	流量 /(L·s⁻¹)	条数
铸铁管	900	330	1 401.527	2
铸铁管	500	100	486.113	2

2.4.9.2　水力计算

两条输水管并联输水，上游水厂处每条输水管的流量 $Q=700.764$ L/s，下游水厂处每条输水管流量 $Q=243.056$ L/s。

查设计手册中铸铁管水力计算表：DN900 的管道，$Q=700.764$ L/s 时，$v=1.10$ m/s，$1000i=1.51$，则输水管水头损失 $h/\mathrm{m}=1.51\times 0.33=0.498$。DN500 的管道，$Q=243.056$ L/s 时，$v=1.23$ m/s，$1000i=4.00$，则输水管水头损失 $h/\mathrm{m}=4.00\times 0.10=0.4$。

2.5　多水源供水方案设计计算

2.5.1　概述

方案三同时采用地表水和地下水供水，此方案的城市管网布置大体与方案一一致，管径略有变化，同时，增加了两条地下水的输水管线，地下水经简单处理后即可达到饮用水标准，主要供给大用水户（三个工厂）及周边街区的生活饮用水。

2.5.2　最高日用水量

用水量标准及最高日用水量计算同统一供水方案。

2.5.3　全市最高日逐时用水量

全市最高日用水量的逐时变化情况同统一供水方案。

2.5.4　全市最高日消防时用水量计算

用水量及计算方法同统一供水方案。

$$Q_{xmax}/(L \cdot s^{-1}) = 1\,919.505 + 2 \times 65 = 2\,049.505$$

作为校核的依据。

2.5.5　清水池容积计算

清水池有效容积计算方法同统一供水方案。

清水池总容积为

$$W/m^3 = W_1 + W_2 + W_3 + W_4 = 13\,728.14 + 936 + 6\,058 + 977.86 = 21\,700$$

取用地表水的水厂 A 清水池容积为

$$W_A/m^3 = W \times \frac{Q_A}{Q} = 21\,700 \times \frac{71\,166.294}{121\,166.294} = 12\,745.36$$

取用地下水的水厂 B 清水池容积为

$$W_B/m^3 = 21\,700 - 12\,745.36 = 8\,954.64$$

有关清水池的详细设计见净水厂设计部分。

2.5.6　管网定线

本方案特点如下:与统一供水方案相比,多水源供水增设两条地下水的输水管线,在 Ⅱ、Ⅲ 区的分界处接入配水管网,其余管线布置基本相同,只是管径进行了调整。

2.5.7　管网水力计算

2.5.7.1　比流量与节点流量计算

计算方法与结果同统一供水方案。

2.5.7.2　初分流量

流量分配原则同统一供水方案。

2.5.7.3　初拟管径

管径拟定的原则同统一供水方案。初分流量及初拟管径情况见附录13。

2.5.8　管网平差

平差计算结果见附录14。

2.5.9　输水管水力计算

2.5.9.1　管渠信息统计

多水源供水方案输水管信息见表 2.4。

表 2.4　多水源供水方案输水管信息表

材质	管径 /mm	管长 /m	流量 /(L·s⁻¹)	条数
铸铁管	800	330	1 339.853	2
铸铁管	600	550	578.704	2

2.5.9.2　水力计算

两条输水管并联输水，地表水水厂处每条输水管的流量 $Q=669.926$ L/s。地下水水厂处每条输水管流量 $Q=289.352$ L/s。

查设计手册中铸铁管水力计算表：DN800 的管道，$Q=669.926$ L/s 时，$v=1.33$ m/s，$1000i=2.54$，则输水管水头损失 $h=2.54×0.33$ m $=0.498$ m。DN600 的管道，$Q=289.352$ L/s 时，$v=1.03$ m/s，$1000i=2.24$，则输水管水头损失 $h=2.24×0.55$ m $=1.232$ m。

2.6　二泵站水泵扬程估算

估算二泵站水泵扬程，作为方案技术经济比较的依据。

2.6.1　各区服务水头计算

服务水头计算式为

$$H=10+12+(n-2)×4 \tag{2.12}$$

式中　　H——服务水头，m；

$\quad\quad n$——房屋层数。

各区房屋层数及服务水头见表 2.5。

表 2.5　各区房屋层数及服务水头

区号	房屋层数	服务水头 /m
Ⅰ	7	32
Ⅱ	6	28
Ⅲ	5	24

2.6.2　统一供水方案二泵站水泵扬程

由于平差结果的闭合差控制在 0.01 m 以内，任意选择一条线路计算管网起端至控制点的水头损失。据泵站最远端为节点 26（大用户用水点），位于 Ⅲ 区，而节点 17 与 14 位于服务水头较大、地势较高的 Ⅱ 区,是该区距离泵站的最远点。对 3 条线路分别进行计算,结果见表 2.6。

表 2.6　统一供水方案泵站所需扬程辅助计算表

起点	起点地面标高 /m	终点	终点地面标高 /m	管网水头损失 /m	服务水头 /m	总计 /m
1	101.55	25	101.66	20.35	23	44.46
1	101.55	13	103.89	12.47	27	42.81
1	101.55	16	104.89	16.54	27	47.88

由表 2.6 可知,节点 16 为控制点。

统一供水方案中,最高时二泵站扬程为

$$H_p = Z_c + H_c + h_s + h_c + h_n + h'$$ (2.13)

式中　H_p——二泵站扬程,m;

　　　Z_c——管网控制点地面标高与吸水井最低水位高差,m。控制点地面标高为 104.89 m,吸水井最低水位标高取为 $101.22 - 4.0 - 0.2 = 97.02$ m。

$$Z_c/\text{m} = 104.89 - 97.02 = 7.87$$

　　　H_c——控制点的自由水头,m,6 层楼房,取 28 m;

　　　h_s——吸水管路水头损失,m,取 2 m;

　　　h_c——输水管水头损失,m,前面计算得 $h_c = 0.528$ m;

　　　h_n——管网中水头损失,m,为 16.54 m;

　　　h'——安全水头,m,取 2 m。

则　　　　　$H_p/\text{m} = 7.87 + 28 + 2 + 0.528 + 16.54 + 2 = 56.94$

2.6.3　多水源供水方案二泵站水泵扬程

多水源供水方案中,输送地表水的泵站 A 与供应地下水的泵站 B 的扬程应分别计算。

2.6.3.1　泵站 A 的水泵扬程

位于供水分界线上的节点有 12、20、25,其中最不利点为 6 和 25,位于供水分界线附近的节点有 11、16。对这四条线路分别进行计算,结果见表 2.7。

表 2.7　多水源供水方案泵站 A 扬程辅助计算表

起点	起点地面标高 /m	终点	终点地面标高 /m	水头损失 /m	服务水头 /m	所需扬程 /m
1	101.55	25	101.66	14.68	24	37.94
1	101.55	11	103.09	10.85	28	42.83
1	101.55	16	104.89	12.10	28	43.44

显然,节点 16 为控制点,则水泵扬程为

$$H_p = Z_c + H_c + h_s + h_c + h_n + h'$$ (2.14)

式中　　Z_c——管网控制点地面标高与吸水井最低水位高差,m。控制点地面标高为

104.89 m,吸水井最低水位标高取为 $101.22-4.0-0.2=97.02$ m。

$$Z_c/m=104.89-97.02=7.87$$

　　　　h_c——前面计算得 $h_c=0.498$ m。

　　　　h_n——管网中水头损失,m,为 12.10 m;

　　　　其余各项同上。

则　　　　　　　　$H_p/m=7.87+28+2+0.498+12.10+2=52.47$

2.6.3.2　泵站 B 的水泵扬程

泵站 B 提升地下水,供水分界线附近距离泵站最远点为节点 6、11、25,对三条线路分别进行计算,结果见表 2.8。

表 2.8　多水源供水方案泵站 B 扬程辅助计算表

起点	起点地面标高 /m	终点	终点地面标高 /m	管网水头损失 /m	服务水头 /m	总计 /m
26	104.50	25	101.66	4.92	24	26.09
26	104.50	11	103.09	1.13	28	27.72
26	104.50	6	104.42	2.45	28	30.3

显然,节点 6 为控制点,则水泵扬程为

$$H_p=Z_c+H_c+h_s+h_c+h_n+h' \tag{2.15}$$

式中　　Z_c——管网控制点地面标高与吸水井最低水位高差,m,控制点地面标高为

104.42 m,吸水井最低水位标高取为 $104.50-4.0-0.2=100.30$ m;

$$Z_c/m=104.42-100.30=4.12$$

　　　　h_c——前面计算得 $h_c=1.232$ m;

　　　　h_n——管网中水头损失,m,为 2.45 m;

　　　　其余各项同上。

则　　　　　　　　$H_p/m=4.12+28+2+1.232+2.45+2=39.85$

2.7　本章小结

本章首先根据东方市的自然条件、人口、城区分布、工业企业布局及其用水需求等条件,提出了统一供水、分质供水以及多水源供水三个方案。随后分别对这三个方案进行设计计算,包括输配水管的定线、用水量计算和管网水力计算,并对各方案二泵站所需扬程进行了估算。

第3章　方案技术经济比较与方案校核

输配水管道工程在给水工程中占相当重要的地位,相当于城市的血脉,将合格的水输送到城市的各个角落。输水工程包括原水输水和净水输水。输水管道是指从水源地到水厂或当水厂距供水区较远时从水厂到配水管网的管道;配水管道是将输水干管送出的水均匀地分配到各用水区域的环状布置的管道。输配水管道工程的投资一般占整个给水工程总投资的60%～70%,甚至更多。故在进行方案的技术经济比较时暂时只比较输配水管网的造价。

输水管道采用铸铁管,市区管网采用承插铸铁管,估算指标采用《给水排水设计手册(第10册)》中给水管道工程分项指标,埋深按2 m计。对于市区管网穿越铁路部分,其造价按正常施工的3倍估算。

3.1　统一供水方案经济估算

在统一供水方案中,输配水管网包括取水泵站至净水厂的原水管道(DN900,总长500 m,两根)、净水厂至配水管网的输水管道(DN1000,总长330 m,两根)以及市区的配水管网,具体管径、长度及估算结果见表3.1。

表 3.1　统一供水方案管网造价计算表

管道性质	管径/mm	管长/m	百米建筑安装工程费/元	小计/元
一般配水管线	150	920	29 851	274 629.2
	200	4 298	36 458	1 566 964.84
	300	6 785	57 722	3 916 437.7
	400	8 947	91 182	8 158 053.54
	500	2 490	126 154	3 141 234.6
	600	6 359	154 984	9 855 432.56
	700	0	192 217	0
	800	2 160	230 756	4 984 329.6
	900	1 580	278 012	4 392 589.6
	1 000	1 540	323 496	4 981 838.4
	1 100	1 920	374 744	7 195 084.8
输水管线	1 000	660	323 496	2 135 073.6
	900	1 000	278 012	2 780 120
穿越铁路管线	400	20	273 546	54 709.2
	500	20	378 462	75 692.4
	1 000	20	970 488	194 097.6
总计	—	—	—	5 370.63 万

3.2   分质供水方案经济估算

在分质供水方案中,输配水管网包括取水泵站至净水厂的原水管道(DN800,总长 500 m,两根)、净水厂至配水管网的输水管道(DN900,总长 330 m,两根)及市区的配水管网,具体管径、长度及估算结果见表 3.2。

表 3.2   分质供水方案管网造价计算表

管道性质	管径/mm	管长/m	百米建筑安装工程费/元	小计/元
一般配水管线	150	2 941	29 851	877 917.91
	200	6 416	36 458	2 339 145.28
	300	9 437	57 722	5 447 225.14
	400	7 560	91 182	6 893 359.2
	500	2 070	126 154	2 611 387.8
	600	2 465	154 984	3 820 355.6
	700	3 740	192 217	7 188 915.8
	800	2 559	230 756	5 505 046.04
	900	1 920	278 012	5 337 830.4
输水管线	500	200	126 154	252 308
	800	1 000	230 756	2 307 560
	900	660	278 012	1 254 878.23
穿越铁路管线	200	20	109 374	21 874.8
	300	20	173 166	34 633.2
	800	20	692 268	138 453.6
总计	—	—	—	4 042.12 万

3.3   多水源供水方案经济估算

多水源供水方案中,输配水管网包括地表水取水泵站至净水厂的原水管道(DN700,总长 500 m,两根)、净水厂至配水管网的输水管道(DN800,总长 330m,两根)、由地下水净水厂至配水管网的输水管道(DN600,总长 1 100 m,两根)以及市区的配水管网,具体管径、长度及估算结果见表 3.3。

表 3.3　多水源供水方案管网造价计算表

管道性质	管径/mm	管长/m	百米建筑安装 工程费/元	小计/元
一般配 水管线	150	2 853	29 851	8 516 49.03
	200	5 016	36 458	1 828 733.28
	300	7 234	57 722	4 175 609.48
	400	8 542	91 182	7 788 766.44
	500	1 865	126 154	2 352 772.1
	600	3 904	154 984	6 050 575.36
	700	3 835	192 217	7 371 521.95
	800	990	230 756	2 284 484.4
	900	2 760	278 012	7 673 131.2
输水管线	800	660	230 756	1 522 989.6
	700	1 000	192 217	1 922 170
	600	1 100	154 984	1 704 824
穿越铁 路管线	300	40	173 166	69 266.4
	800	20	692 268	138 453.6
总计	—	—	—	4 573.49 万

3.4　供水方案的选择

　　由上述经济比较可以看出,分质方案最为经济,其次为多水源方案(与前者差别不大),而统一供水方案具有造价高、可靠性差、漏失率高等缺点,本设计不予采用。

　　近年来,水资源日益紧缺,污染问题也更为普遍,针对这一问题的有效途径包括减少对单一水源的依赖,转为采用地表水、地下水及雨水的回用等多水源供水系统。

　　事实上,随着城市的发展,用水户数量增多,许多城镇的给水系统已由单水源发展到多水源供水。2005 年,松花江、北江水系发生特大污染事故,引起各方面对水源保护工作的进一步高度重视。为保护水源、保障人民的生命安全,2006 年 12 月,广东省人民政府对韶关市等 4 个城市人民政府下发了《关于确保城镇饮用水安全的紧急通知》要求:"各单一水源的城市必须早日建立第二水源或备用水源,实现多水源或双水源供水体系,以提高城市供水的安全可靠性"。市委、市政府对增强应对水源突发事故能力、实现多水源或双水源供水、提高城市供水的安全性和可靠性工作给予了高度重视。解决市区供水水源单一问题,多水源供水及建设应急水源设施势在必行。

　　在技术方面,哈尔滨工业大学对多水源供水的流量分布和供水路径等进行了研究,过去多水源供水的管网只能粗略推测供水分界线,大致划分各水源的单独供水区域,但只提出了定性的概念,并不确切。为此,袁一星等老师提出了配比因子数学模型,实例表明,"能够直观地描绘出多水源给水管网的运行工况"。英国 Heriot-Watt 大学对路径熵方法(PEM)等在多水源管网可靠性分析中的应用进行了研究并出版专著。

根据管网造价、泵站扬程的估算及技术比较,最终选择多水源供水方案,实现"同城同网、双水源供水、一体化管理"。

3.5　多水源供水方案管网校核

3.5.1　消防校核

3.5.1.1　消防流量的确定

城市人口为 34.2 万,按照规范,同一时刻着火点取 2 处,每处的流量为 65 L/s。着火点应选择靠近大用户的节点和管网的末端,因此选定节点 17 和节点 26 为着火点,节点在原流量的基础上加 50 L/s。总流量变为 2 048 L/s,其中地表水 1 404.853 L/s,地下水 643.704 L/s。

3.5.1.2　消防时输水管和管网水力计算

地表水输水管单管流量 702.43 L/s,管径为 DN800,管长 330 m,$v=1.39$ m/s,$1000i=2.79$,管材为球墨铸铁管,查水力计算表得输水管水头损失 $h_c=2.79\times0.33$ m $=0.92$ m。

地下水输水管单管流量 321.85 L/s,管径为 DN600,管长 500 m,$v=1.17$ m/s,$1000i=2.88$,管材为球墨铸铁管,查水力计算表得输水管水头损失 $h_c=2.88\times0.5$ m $=1.44$ m。

根据最高时消防流量重新进行管段流量分配,具体情况见附录 15。

对消防初分流量进行管网平差计算,得到平差结果见附录 16。

消防时,最低水压点(可能为 7、12、17、26 节点)的自由水头应保持 10 m。由于平差结果的闭合差控制在 0.01 m 以内,按以上所述线路进行水头损失计算,结果见表 3.4。

表 3.4　消防时泵站所需扬程辅助计算表

起点	起点地面标高/m	终点	终点地面标高/m	水头损失/m	服务水头/m	所需扬程/m
1	101.55	25	101.66	18.74	10	28.85
1	101.55	16	104.89	13.25	10	27.06
13	104.5	25	101.66	8.29	10	12.64
13	104.5	16	104.89	11.80	10	22.19

由表 3.4 可知,对于地面水水源,控制点为节点 25,总水头损失为 0.92 m+18.74 m=19.66 m。对于地下水水源,控制点为节点 16,总水头损失为 1.44 m+11.80 m=13.24 m。

3.5.1.3 消防时二泵站扬程校核

对于地面水水源,按前述计算方法,此时泵站所需扬程为 32.87 m＜52.75 m(最高时)。

地下水水源,此时泵站所需扬程为 27.65 m＜37.48 m(最高时)。

均满足扬程需求,不必设消防泵。

3.5.2 事故校核

3.5.2.1 事故流量的确定

事故时流量按最高时流量的 70% 确定,即各节点流量为最高时的 70%,总流量变为 1 342.989 L/s。

3.5.2.2 事故时输水管和管网水力计算

地表水输水管单管流量 468.95 L/s,管径为 DN800,管长 330 m,$v=0.935$ m/s,$1000i=1.30$,管材为球墨铸铁管,查水力计算表得输水管水头损失 $h_c=1.30\times0.33$ m$=0.429$ m。

地下水输水管单管流量 202.546 L/s,管径为 DN600,管长 500 m,$v=0.72$ m/s,$1000i=1.16$,管材为球墨铸铁管,查水力计算表得输水管水头损失为:$h_c=1.16\times0.5$ m$=0.58$ m。

事故时,初分流量情况见附录 17。进行管网平差计算,平差结果见附录 18。

事故时,对于地面水水源,控制点可能为节点 6、11、16 和 25,对于地下水水源,控制点可能为节点 6、11 和 25。平差结果的闭合差控制在 0.01 m 以内,按以上所述全部线路计算管网起端至控制点的水头损失见表 3.5。

表 3.5 事故时泵站所需扬程辅助计算表

起点	起点地面标高/m	终点	终点地面标高/m	水头损失/m	服务水头/m	1—2段水头损失/m	所需扬程/m
1	101.85	25	101.66	7.05	24	1.96	32.82
1	101.85	11	103.09	3.83	28	1.96	35.03
1	101.85	16	104.89	7.24	28	1.96	40.23
13	104.5	25	101.66	3.71	24	—	22.03
13	104.5	11	103.09	0.80	28	—	27.39

由上表可知,对于地面水水源,控制点为节点 16,总水头损失为 0.429 m＋7.05 m＝7.479 m。对于地下水水源,控制点为节点 11,总水头损失为 0.58 m＋0.80 m＝1.38 m。

3.5.2.3 事故时二泵站扬程校核

对于地面水水源,此时泵站所需扬程为 44.859 m＜52.75 m(最高时)。

地下水水源,此时泵站所需扬程为 32.17 m＜37.48 m(最高时)。

均满足扬程需求。

3.6 管网等水压线的绘制

根据最高时各管段的水头损失及泵站的扬程求得各节点的水压,详见表 3.6。

表 3.6 节点水压一览表

节点编号	地面标高/m	自由水压/m	节点水压/m
1	101.55	43.49	145.04
2	102.30	39.74	142.04
3	101.85	37.99	139.84
4	102.89	36.38	139.27
5	103.64	33.04	136.68
6	104.42	30.33	134.75
7	101.29	41.86	143.15
8	101.37	39.69	141.06
9	101.49	35.77	137.26
10	102.49	33.41	136.31
11	103.09	31.12	103.09
12	103.22	31.27	103.22
13	103.89	31.45	135.34
14	103.00	33.23	136.23
15	103.77	29.41	103.77
16	104.89	28	132.89
17	100.50	31.81	100.5
18	101.45	30.8	132.25
19	102.48	29.75	132.23
20	102.51	29.4	131.91
21	102.86	29.15	132.01
22	102.89	28.25	131.14
23	102.31	28.11	130.42
24	101.41	27.75	129.16
25	101.66	27.44	129.1

各节点水压减去地面标高即得到各节点的自由水压,在管网平面图上用插值法按比例绘出等自由水压线,见附录 19。

3.7　本章小结

　　本章在上一章完成了三个方案输配水管设计计算的基础上,对各方案进行技术经济比较,结果表明多水源供水方案在经济上优于统一供水方案,在技术上多水源供水方案运行安全可靠性高于其他方案,各节点水压也较为平衡。因此最终确定采用多水源供水方案。随后对选定方案进行了消防时和事故时的校核,并计算出节点水压。

第4章 地表水取水工程设计

4.1 水源的选取

该城市地表水水源充沛且水质良好,可作为饮用水水源。另一方面,地下水允许开采 5万 m^3/d,水质良好,易于处理。故考虑将地表水和地下水同时作为饮用水水源。

4.2 地表水取水构筑物位置和形式的选择

4.2.1 地表水取水构筑物位置的选择

4.2.1.1 江河取水构筑物位置选择的原则

(1)设置在水质较好的地点;

(2)具有稳定的河床与河岸,靠近主流,有足够的水深;

(3)具有良好的地质、地形及施工条件;

(4)靠近主要用水地区;

(5)注意河流上的人工构筑物和天然障碍;

(6)避免冰凌的影响;

(7)应与河流的综合利用相适应。

4.2.1.2 江河取水构筑物位置的确定

根据以上选择原则选定河流的上游(城市西南角)作为取水点。该处河流的河道顺直,水质较好,河床和河岸稳定,且避开了人工构筑物和天然障碍物,是较为理想的取水位置。净水厂建在离取水厂不远、靠近市区的空地上。

4.2.2 地表水取水构筑物形式的确定

由于江河岸边较陡,主流近岸,岸边有足够水深,水质和地质条件较好 ,水位变幅不大,设计采用岸边式取水构筑物。

采用进水间和泵房合建的形式。这种形式布置紧凑,占地面积小,水泵吸水管路短,运行管理方便。

进水间与泵房的基础建在不同标高上,呈阶梯式布置。这样布置可以利用水泵吸水高度以减小泵房深度,有利于施工和降低造价,但需设真空泵启动。

4.3　进水间的设计计算

4.3.1　概述

进水间分格,相邻格之间用阀门连通,拟分为 4 格。进水孔前设格栅,吸水室前设格网。进水间上设操作平台,设有格栅、格网、闸门等设备的起吊装置和冲洗系统。

4.3.2　进水孔和格栅的设计

4.3.2.1　进水孔的设计要求

河流水位变化幅度在 6 m 以上时,应设置两层进水孔,以便洪水期取表层含沙量少的水。上层进水孔上缘应在洪水位以下 1.0 m;下层进水孔的下缘至少高出河底 0.5 m,上缘至少应在设计最低水位以下 0.3 m(有冰盖时,从冰盖下缘算起,不小于 0.2 m)。进水孔的高宽比应尽量配合格栅和闸门的标准尺寸。

4.3.2.2　进水孔及格栅面积计算

进水孔面积为

$$F_0 = \frac{Q}{k_1 k_2 v_0} \tag{4.1}$$

式中　F_0——进水孔面积,m^2;

　　　Q——设计取水量,m^3/s,1.373 m^3/s;

　　　v_0——进水孔的设计流速,m/s,当江河有冰凌时,采用 0.2 ~ 0.6 m/s,无冰凌时采用 0.4 ~ 1.0 m/s;当取水量较小、江河流速较小而泥沙与漂浮物多时,可取较小值,设计取 $v_0 = 0.4$ m/s;

　　　k_1——格栅引起的面积减小系数,$k_1 = \dfrac{b}{b+s}$;

　　　b——栅条净距,mm,一般采用 30 ~ 120 mm,设计取 50 mm;

　　　s——栅条厚度,mm,一般采用 10 mm;

　　　k_2——格栅阻塞系数,取 0.75。

则

$$k_1 = \frac{50}{50+10} = 0.833$$

则

$$F_0/m^2 = \frac{0.864\ 9}{0.833 \times 0.75 \times 0.4} = 3.46$$

4.3.2.3　格栅的选择

进水孔设 4 个,进水孔与泵房水泵配合工作,进水孔也需要三用一备,每个进水孔面积为

$$F/m^2 = \frac{F_0}{3} = 1.15$$

进水口尺寸选用

$$B_1 \times H_1 = 1\ 300\ \text{mm} \times 900\ \text{mm}$$

格栅尺寸选用

$B \times H = 1\ 400\ \text{mm} \times 1\ 000\ \text{mm}$（标准尺寸，标准图 90S321－1）

实际进水孔面积为

$$F'_0/\text{m}^2 = 1.3 \times 0.9 \times 3 = 3.51$$

通过格栅的水头损失一般采用 0.05 ～ 0.1 m，设计取 0.1 m。

格栅用人工清污。设 $CD_1 0.5 - 12D$ 型电动葫芦及冲洗设施。

4.3.3　格网的设计

4.3.3.1　格网面积计算

格栅的间距较大，只能拦截一些较大的漂浮物，一些小尺寸的漂浮物仍能堵塞吸水口，因此有必要在吸水室前再设一个格网，以保护吸水喇叭口。

本设计采用平板格网，用槽钢作为框架，过网流速采用 $v = 0.4$ m/s（一般为 0.3 ～ 0.5 m/s），网眼尺寸采用 5 mm×5 mm，网丝直径 $d = 2$ mm。

平板格网面积为

$$F_1 = \frac{Q}{k_1 k_2 v_1 \varepsilon} \tag{4.2}$$

式中　F_1——平板格网面积，m^2；

　　　Q——设计流量，m^3/s；

　　　v_1——过网流速，m/s，此处为 0.4 m/s；

　　　ε——水流收缩系数，一般为 0.64 ～ 0.80，本设计取 0.80；

　　　k_1——网丝引起格网面积减少系数，$k_1 = \dfrac{b^2}{(b+d)^2}$，$b$ 为网眼尺寸，mm，d 为金属

　　　　　丝直径，mm；

　　　k_2——格网阻塞后面积减小系数，取为 0.5。

则

$$k_1 = \frac{5^2}{(5+2)^2} = 0.51$$

则

$$F_1/\text{m}^2 = \frac{0.864\ 9}{0.51 \times 0.5 \times 0.8 \times 0.4} = 10.60$$

4.3.3.2　格网的选择

吸水室设 4 个格网，同样三格工作一格备用，每个格网进水口面积 3.53 m^2。进水口尺寸为 $B_1 \times H_1 = 1\ 900\ \text{mm} \times 1\ 900\ \text{mm}$，面积 3.61 m^2；格网尺寸为 $B \times H = 2\ 000\ \text{mm} \times 2\ 000\ \text{mm}$（标准尺寸，标准图 90S321－6）。

实际通过格网流速为

$$v'_1/(\text{m} \cdot \text{s}^{-1}) = \frac{Q}{k_1 k_2 \varepsilon F'_1} = \frac{0.864\ 9}{0.51 \times 0.5 \times 0.8 \times 3.61 \times 3} = 0.391$$

通过平板格网的水头损失，一般采用 0.1 ～ 0.2 m，设计取 0.2 m。详见格栅格网大样图。

4.3.4　进水间平面布置

进水室分为 4 格,分隔墙上设置连通管和阀门。进水间进水窗口设上下两层,每层设 4 个窗口。进水孔上设平板闸板及平板格栅,两者共槽。吸水间下层设平板格网,每格一个。详见取水泵站工艺图。

4.3.5　进水间高程布置与计算

下层进水孔上缘标高设在最枯水位减去冰盖厚度,再减去 0.2 m 水层厚度处,即为

$$90.00 \text{ m} - 0.2 \text{ m} - 0.2 \text{ m} = 89.60 \text{ m}$$

下层进水孔下缘距河床底面不小于 0.5 m,设计取 0.7 m。

上层进水孔上缘在最高洪水位以下 1.0 m。

取水构筑物位于很开阔的河面上,吹程在 3 m < l < 300 m 范围内,按以下经验公式计算浪高,即

$$h_B = 0.0208 w^{\frac{5}{4}} \cdot l^{\frac{1}{3}} \tag{4.3}$$

式中　h_B——波浪全高,从波谷到波峰的垂直距离,m;

　　　w——最大风速,m/s;

　　　l——吹程,即波浪顺风扩展的距离,m。

以建于某河流岸边取水构筑物为例,河岸水宽 300 m,风速 4.0 m/s,边坡为 60°,草皮加固。垂直于取水构筑物的风向(吹程为 300 m)时的波浪高度(实际浪高)为全浪高的一半,则

$$h/\text{m} = \frac{h_B}{2} = \frac{1}{2} \times 0.79 = 0.40$$

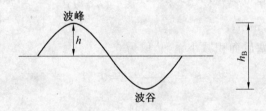

图 4.1　波浪示意图

进水间采用非淹没式进水间。

进水间顶部标高 /m = 河流设计最高水位 + 浪高 + 超高(0.5 m) =

　　　　　97.0 + 0.4 + 0.5 = 97.90(取 98.00 m)

进水室内最低动水位标高 /m = 河流最低水位标高 − 取水头部到进水室的水头损失

　　　　　(格栅水头损失取为 0.10 m) =

　　　　　90.00 − 0.10 = 89.90

吸水室内最低动水位标高 /m = 进水室内最低动水位标高 − 进水室到吸水室的水头

　　　　　损失(即平板格网水头损失,取 0.2 m) =

　　　　　89.90 − 0.2 = 89.70

吸水室内最高水位标高 /m ＝河流设计最高水位 － 0.30 ＝ 97.0 － 0.30 ＝ 96.70

进水间底部标高决定于吸水室的底部标高。平板格网净高为 1.9 m,其上缘应淹没在吸水室最低动水位以下 0.1 m,其下缘应高出底部 0.3 m。故吸水室底部标高(单位: m)为

$$89.70 － 0.10 － 1.9 － 0.3 ＝ 87.40$$

进水间深度 /m ＝进水间顶部标高 － 井底标高 ＝ 98.00 － 87.40 ＝ 10.60

则取水构筑物高程布置如图 4.2 所示。

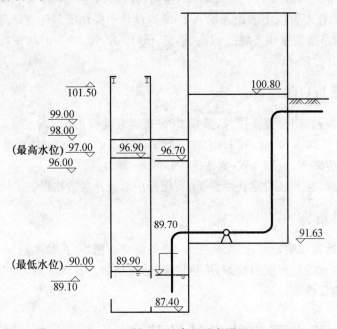

图 4.2　高程示意图

4.3.6　格网起吊设备的计算

4.3.6.1　起重量

$$D ＝(G ＋ PFf/10)k \tag{4.4}$$

式中　　D——起重量,kg;

　　　　G——平板格网和钢绳的重量,kg,共约 150 kg;

　　　　P——格网前后水位差所产生的压力,kPa,取水位差为 0.2 m,则 $P ＝ 0.2$ kPa;

　　　　F——每个格网的面积,m²,$F ＝ 3.61$ m²;

　　　　f——格网和导槽之间的摩擦系数,取 0.44;

　　　　k——安全系数,取 1.5。

则　　　　　　$D/\text{kg} ＝(150 ＋ 200 × 3.61 × 0.44/10)× 1.5 ＝ 272.5$

4.3.6.2　起吊设备

起吊设备设于进水间的平台上,用以起吊格栅、格网、闸门等。格网起吊高度(单位: m)为平台高度 － 格网上缘标高 ＋ 格网高度 ＋ 格网与平台最小净距 ＋ 格网吊环高,即

$98.00 - 89.60 + 2.00 + 0.20 + 0.45 = 11.05$，最大起重量为 272.5 kg。采用 $CD_1 0.5 -$ 12D 型电动葫芦。

性能参数：起重量 0.5 t，起升高度 12 m，起升速度 8 m/min，运行速度 20 m/min，起动机功率 0.8 kW，转速 1 380 r/min，钢丝绳直径 5.1 mm。

主要尺寸：$e = 120$ mm，$f = 650$ mm。

4.3.6.3　吊车起吊架高度

平板格网高 2.00 m，格网吊环高 0.45 m，电动葫芦吊钩至工字钢梁下缘最小距离为 0.77 m，格网吊至操作平台以上的距离取 0.2 m，本设计中操作平台标高即为集水间顶部标高 98.00 m，则起吊架工字钢下缘的标高（单位：m）应为：$98.00 + 0.20 + 2.00 + 0.45 +$ $0.77 = 101.42$，取 101.50 m。

4.3.7　排泥与启闭设备

进水间沉降的泥沙，用排泥泵排除，采用 2PN 型泥泵抽吸。

其性能参数：$Q = 30 \sim 58$ m³/h，$H = 22 \sim 17$ m，$n = 1\,450$ r/min，轴功率 $N = 5.45 \sim$ 6.9 kW，配套电机功率 $N_d = 10$ kW，效率 $\eta = 33\% \sim 39\%$。

为提高排泥效率，在井底设穿孔冲洗管，利用高压水边冲洗边排泥。

4.3.8　防冰措施

为防止格栅被冰絮黏附而结冰，影响进水，栅条用空心栅条，在结冰期、风浪大易产生冰絮的季节，可将热水或蒸汽通过栅条，加热格栅，防止结冰。在流冰期，防止流冰破坏取水口，应在进水口前设破冰措施。

4.4　地表水取水泵房的设计计算

4.4.1　设计流量和扬程的确定

4.4.1.1　设计流量

设计流量为设计取水量，如前所算
$$Q = 74\,725 \text{ m}^3/\text{d} = 3\,113.5 \text{ m}^3/\text{h}$$

4.4.1.2　所需扬程

扬程　　　　　　　　　$H_p = H_{st} + h_s + h_d + h$　　　　　　　　　　　(4.5)

式中　　H_{st}——静扬程，m，其值为净水厂絮凝池最高水位与吸水室最低动水位之差；
$$H_{st}/\text{m} = 104.76 - 89.70 = 15.06$$

h_s——吸水管线水头损失，m，取 1.00 m；

h_d——压水管路以及泵站至混合反应池的水头损失，m，取 2.00 m；

h——安全水头，取 1.00 m。

则　　　　　　　　　$H_p/\text{m} = 15.06 + 2.00 + 1.00 + 1.00 = 19.06$

4.4.1.3　管路特性曲线

管道摩阻 S

$$S/(\text{h}^2 \cdot \text{m}^{-5}) = \frac{H_\text{P} - H_\text{st}}{Q^2} = \frac{19.06 - 15.06}{3113.5^2} = 4.13 \times 10^{-7}$$

则管路特性曲线为

$$H = H_\text{st} + SQ^2 = 15.06 + 4.13 \times 10^{-7} Q^2$$

4.4.2　初选水泵和电机

4.4.2.1　水泵选择

（1）选泵要点　①注意大小兼顾,调配灵活;②型号整齐,互为备用;③合理地利用各水泵的高效段;④综合考虑,近远期相结合。

（2）选择水泵　根据水量与扬程,选定 4 台 350S16 型水泵,三用一备。

绘制水泵特性曲线及管路特性曲线,见附录 20。

三台泵并联后,工况点为:$Q = 3\ 310\ \text{m}^3/\text{h}, H = 19.7\ \text{m}$。单台 350S16 的水泵工况点为:$1\ 090\ \text{m}^3/\text{h}, 19.7\ \text{m}$。从附录中可看出水泵运行时工况点均在高效段内。

（4）水泵参数　水泵性能参数见表 4.1。

表 4.1　350S16 型水泵性能参数表

流量 Q /(m³·h⁻¹)	扬程 H /m	转速 N /(r·min⁻¹)	轴功率 /kW	效率 η /%	气蚀余量 (NPSH)r /m	质量 W /kg
972	20	1 450	64	83	5.3	632
1 260	16	—	64.4	86	—	—
1 440	13.4	—	71	74	—	—

配套电机性能参数见表 4.2。

表 4.2　350S16 型水泵电机性能参数表

电机 型号	额定功率 /kW	电流 /A	转速 /(r·min⁻¹)	效率 /%	质量 /kg
Y280S—4	75	139.7	1 480	92.7	560

水泵外形尺寸见表 4.3。

表 4.3　350S16 型水泵外形尺寸表　　　　　　　　单位:mm

L	L_1	L_2	L_3	B	B_1	B_2
1 090.5	584	600	500	1 168	584	690
B_3	H	H_1	H_2	H_3	$n - \varphi d$	
500	970	620	310	310	4 — 34	

水泵安装尺寸见表 4.4。

表 4.4 350S16 型水泵安装尺寸表   单位:mm

电动机尺寸						E	L	L_2
L_1	H	h	B	A	$n-\varphi d$			
1 270	315	760	457	508	4 — 28	600	2 640	851
1 000	280	640	368	457	4 — 24	—	2 090.5	668

4.4.2.2 水泵基础计算

由水泵安装尺寸及电机尺寸表可确定水泵基础如下:

基础长度

$L_j/\text{mm} =$ 地脚螺栓间距 $+ (400 \sim 500) = B + L_2 + L_3 + (400 \sim 500) =$
$368 + 668 + 500 + 464 = 2\ 000$

基础宽度

$B_j/\text{mm} =$ 地脚螺栓间距 $+ (400 \sim 500) = B_3 + (400 \sim 500) =$
$500 + 400 = 900$

基础最小间距

$C/\text{mm} =$ 电机轴长 $+ 500 = 1\ 000 + 500 = 1\ 500$

基础高度

$$H_j/\text{m} = \frac{3.0W}{L_j \times B_j \times \gamma} \tag{4.6}$$

式中 γ —— 基础材料容重,kg/m^3,采用混凝土,$\gamma = 2\ 400\ \text{kg/m}^3$;

W —— 机组总质量,kg,电机质量加水泵质量。

则 $H/\text{m} = 3.0 \times (632 + 560)/(2.0 \times 0.9 \times 2\ 400) = 0.83$(取 $1.00\ \text{m}$)

4.4.2.3 泵房布置

水泵布置成两行,交错排列。泵房布置如图 4.3 所示。

泵房长度 $L = 23.0\ \text{m}$(包括墙壁厚 370 mm);

泵房宽度 $B = 12.5\ \text{m}$(包括墙壁厚 370 mm)。

4.4.3 吸水管路和压水管路的计算

4.4.3.1 吸水管路

吸水管路不允许漏气,采用铸铁管,每台泵单独设置吸水管,吸水管沿水流方向有连续上升的坡度,采用 $i = 0.005$,以避免形成气囊。吸水管 $d_{DN} > 250\ \text{mm}$,由于水泵吸上真空高度所限,$v_{吸} = 1.2 \sim 1.6\ \text{m/s}$。

流量为 1 050 $\text{m}^3/\text{h} = 291.7\ \text{L/s}$,选用铸铁管 DN 500,$v_{吸} = 1.48\ \text{m/s}$,查表知 $1000i = 5.75$。

吸水喇叭口大头直径 $D \geqslant (1.3 \sim 1.5)d = 650 \sim 750\ \text{mm}$,取 700 mm。

吸水喇叭口长度 $L \geqslant (3.0 \sim 7.0) \times (D - d) = (3.0 \sim 7.0) \times (0.700 - 0.500)$,取 1.0 m。

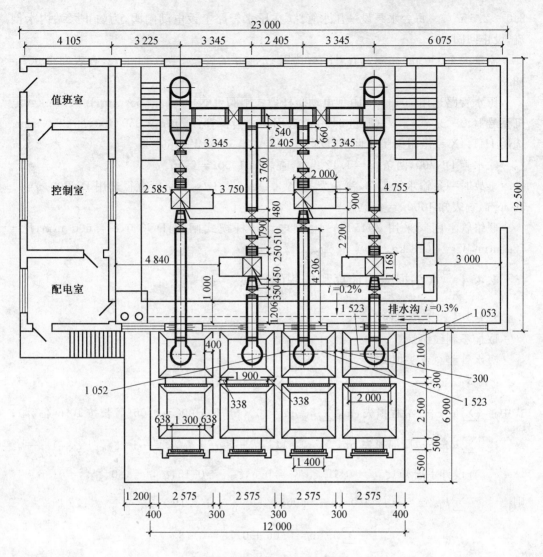

图 4.3　取水泵站布置草图

喇叭口最小淹没深度 h_2 一般采用 $0.5 \sim 1.0$ m，取 1.0 m。

喇叭口距井底 $\geqslant 0.8D = 0.8 \times 700 = 560$ mm，取 600 mm。

喇叭口与井壁间净距 $\geqslant (0.75 \sim 1.0)D = 0.75 \times 700 = 525$ mm，取 700 mm。

吸水管路选用 Z945T－2.5 型电动暗杆楔式闸阀：DN500，$L = 350$ mm，$W = 775$ kg；选用偏心渐缩管：$D/\text{mm} = 500/350$，$L/\text{mm} = 2(D-d)+150 = 450$。

4.4.3.2　吸水室

喇叭口间距 $\geqslant (1.5 \sim 2.0)D = 1.5 \sim 2.0$ m。

为利于泵房布置，吸水室总长 12 m（含结构尺寸），吸水室宽度 5.4 m。

4.4.3.3　压水管路

压水管路压力较高，不允许漏水，一般采用钢管，压水管 $d_{\text{DN}} > 250$ mm 时，$v_{\text{压}} =$

2.0～2.5 m/s。每台水泵设一压水管路,在压水管路上设电动闸阀,为防止泵站内水倒流,设止回阀。

流量为 1 050 m³/h=291.7 L/s,选用 DN400 的管,$v_压$=2.31 m/s,查表知 $1000i$=18.8。

压水管路选用 Z945T－10 型电动暗杆楔式闸阀:DN400,L=565 mm,W=448 kg,电机型号 JO2－31－6T2,总质量 647 kg;选用同心渐扩管:D/mm=350/400,L=250 mm;选用 HH44X 型微阻缓闭止回阀:DN400,L=820 mm,W=600 kg。

输水管 DN700,两条,v=1.12 m/s,查表知 $1000i$=2.15。

事故时一条输水管工作,流量为 $70\% \times Q$=605 L/s,联络管直径选用 DN800,v=1.56 m/s,查表知 $1000i$=4.14。

联络管上闸阀采用 Z945T－10 型电动暗杆楔式闸阀:DN600,L=600 mm,D=780 mm,W=1 018 kg。

4.4.4 水头损失的计算和扬程的校核

4.4.4.1 吸水管路

取最不利线路计算。

吸水管路总水头损失

$$\sum h_s = \sum h_{fs} + \sum h_{ls} \tag{4.7}$$

式中 $\sum h_{ls}$——沿程损失,m,$\sum h_{ls}/\text{m} = 10 \times 5.75/1\ 000 = 0.06$(管长按 10 m 估算);

$\sum h_{fs}$——局部损失,m,$\sum h_{fs} = (\zeta_{喇叭口} + \zeta_{阀门} + \zeta_{弯头}) \dfrac{v_吸^2}{2g} + (\zeta_{渐缩} + \zeta_{入口}) \dfrac{v_{入口}^2}{2g}$。

查设计手册知:$\zeta_{渐缩}=0.19$,$\zeta_{喇叭口}=0.5$,$\zeta_{阀门}=0.15$,$\zeta_{入口}=1.0$,$\zeta_{弯头}=0.96$。

则 $$\sum h_{fs}/\text{m} = (0.5 + 0.15 + 0.96) \times \frac{1.48^2}{2 \times 9.8} + 1.19 \times \frac{2.98^2}{2 \times 9.8} = 0.72$$

$$\sum h_s/\text{m} = 0.06 + 0.72 = 0.78$$

4.4.4.2 压水管路

取最不利线路计算。

压水管路总水头损失

$$\sum h_d = \sum h_{fd} + \sum h_{ld} \tag{4.8}$$

式中 $\sum h_{ld}$——沿程损失,m,$\sum h_{ld}/\text{m} = 18.8 \times 3/1\ 000 + 2.22 \times 3/1\ 000 = 0.06$;

$\sum h_{fd}$——局部损失,m。

局部阻力计算见表 4.5。

表 4.5　地表水—泵站局部阻力计算表

名称	管径 d_{DN}/mm	数量/个	局部阻力系数 ξ	流速/(m·s^{-1})	局部阻力/m
同心渐扩管	350/400	1	0.04	3	0.018
闸阀	400	1	0.07	2.31	0.019
止回阀	400	1	2.5	2.31	0.681
三通	400×600	1	1.8	2.31	0.490
闸阀	600	1	0.06	1.02	0.003
三通	400×600	1	0.1	1.02	0.005
三通	600×700	1	1.6	2.03	0.336
总计	—	—	—	—	1.55

则
$$\sum h_d/\text{m} = \sum h_{fd} + \sum h_{ld} = 0.06 + 1.55 = 1.61$$

4.4.4.3　输水管

输水管路总水头损失

$$\sum h_c = \sum h_{fc} + \sum h_{lc} \tag{4.9}$$

式中　　$\sum h_{lc}$——沿程损失，m，$\sum h_{lc}/\text{m} = 100 \times 2.15/1\,000 = 0.215$；

$\sum h_{fd}$——局部损失，m，$\sum h_{fd}/\text{m} = 2\zeta_{弯头}\dfrac{v_{输}^2}{2g} = 2 \times 1.6 \times \dfrac{1.12^2}{2g} = 0.20$。

则
$$\sum h_d/\text{m} = \sum h_{fd} + \sum h_{ld} = 0.215 + 0.20 = 0.42$$

管路总水头损失为
$$\sum h/\text{m} = \sum h_s + \sum h_d + \sum h_c = 0.78 + 1.61 + 0.42 = 2.81$$

静态混合器水头损失 $h = 0.32$ m。

4.4.4.4　扬程校核

水泵实际扬程为
$$H'_p/\text{m} = H_{st} + \sum h = 15.19 + 2.81 + 0.32 = 18.32 < 19.20$$

所选水泵满足要求。

4.4.5　泵房高程布置

4.4.5.1　水泵最大安装高度，即泵轴距水面高度 H_{ss}

$$H_{ss} = H'_s - \sum h_s \tag{4.10}$$

式中　　H'_s——修正后采用的允许吸上真空度，m；
$$H'_s = H_s - (10.33 - h_a) - (h_{va} - 0.24)$$

H_s——水泵厂给定的允许吸上真空度，4.5 m；

h_a—— 安装地点的大气压值,取 9.8 m;

h_{va}—— 实际水温下的饱和蒸汽压力,取 0.43 m;

则　　　　　　$H'_s/m = 4.5 - (10.33 - 9.8) - (0.43 - 0.24) = 3.78$

前面计算知吸水管路 $\sum h_s = 0.75$ m,考虑到水泵长期运行性能下降及管路阻力增加,吸水管路水头损失取 1.00 m,则 $H_{ss}/m = 3.78 - 1.00 = 2.78$,取 2.75 m,则

泵轴标高 /m = 89.70 + 2.75 = 92.45

基础顶面标高 /m = 泵轴标高 - H_1 = 92.45 - 0.62 = 91.83

泵房地面标高 /m = 基础顶面标高 - 0.20 = 91.83 - 0.20 = 92.63

4.4.5.2　起重设备

最大起重设备为水泵,质量为 632 kg,故选用 LX 型电动单梁悬挂起重机,性能参数:最大起重量 1.18 t,跨度 8.5 m,起升高度 9 m;选用 ZDY$_1$12－4 型电机,运行速度 20 m/min,功率为 2×0.4 kW;配套 CD12－12D 型电动葫芦,起升速度 8 m/min,运行速度 20 m/min;轨道工字钢型号 20a－45cGB706－65。

4.4.5.3　泵房筒体高度

泵房高度

$$H = H_1 + H_2 \tag{4.11}$$

式中　　H_1—— 泵房地面上高度,m,$H_1 = h_{max} + H' + d + e + h + n$。其中,$h_{max}$ 为吊车梁底至屋顶高,m,0.824 m;H' 为梁底至起重钩中心,m,0.55 m;d 为绳长,m,$d = 0.85$ B;B 为水泵外形宽度,m,1 168 mm;e 为最大一台泵或电机高度,m,0.97 m;h 为吊起物底部与泵房进口处室内地坪高差,m,车斗底部高 1.5 m,取 $h = 1.5 + 0.4 = 1.9$ m;n 为一般不小于 0.1 m,取 0.2 m。

则　　　　　$H_1/m = 0.824 + 0.55 + 0.85 \times 0.993 + 0.97 + 1.9 + 0.2 = 5.29$

H_2—— 泵房地面下高度,m。

H_2/m = 泵房外地面标高 - 泵房内地面标高 = 100.50 - 91.63 = 8.87

则　　　　　$H/m = H_1 + H_2 = 5.29 + 8.87 = 14.16$(取 14.20 m)

4.4.5.4　泵房内标高

泵轴标高为 92.45 m;

基础顶面标高为 91.83 m;

泵房内地面标高为 91.63 m;

水泵吸水口中心标高 /m = 92.45 - 0.31 = 92.14;

吸水管轴线标高 /m = 92.14 - 0.075 = 92.065;

水泵压水口中心标高 /m = 92.45 - 0.31 = 92.14;

压水管轴线标高为 92.14 m;

泵房下顶面标高为 105.83 m;

泵房上顶面标高为 106.13 m。

根据以上标高,确定垂直方向上泵房的布置,如图 4.4 所示。

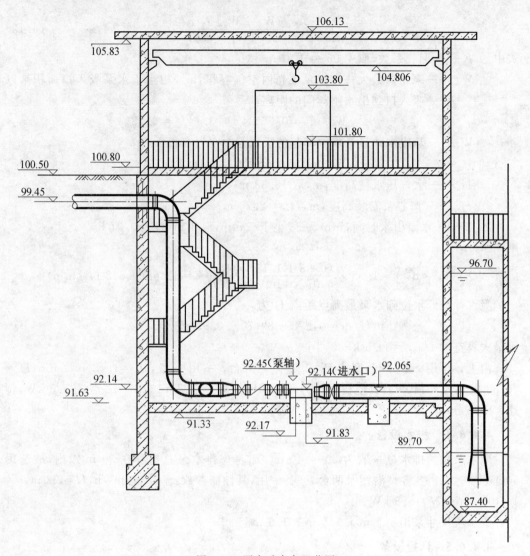

图 4.4　泵房垂直布置草图

4.4.6　附属设备

4.4.6.1　采暖

室内计算温度:值班室、控制室采用 16 ～ 18 ℃,其他房间采用 6 ℃;室外采用历年温度平均每年不保证 5 天的日平均温度。

4.4.6.2　通风设备

采用自然通风与机械通风相结合。

4.4.6.3　引水设备

本设计采用真空泵引水,其特点是水泵启动快,运行可靠,易于实现自动化。

真空泵排气量为

$$Q_v = K \times \frac{(W_p + W_s) \cdot H_a}{T \cdot (H_a - H_{ss})} \tag{4.12}$$

式中　　K——漏气系数,取 $1.05 \sim 1.10$;

W_p——泵站内最大一台水泵泵壳内空气容积,m³,相当于水泵吸入口面积乘以吸入口到出水闸阀间的距离;

$$W_p/m^3 = 0.35^2 \times 4 \times 3.14/4 = 0.38$$

W_s——从吸水井最低水位算起的吸水管中空气容积,m³;

$$W_s/m^3 = 0.5^2 \times 6 \times 3.14/4 = 1.18$$

H_a——大气压水柱高度,m,取 10.33 m;

H_{ss}——离心泵安装高度,m,$H_{ss} = 2.70$ m;

T——水泵引水时间,min,一般小于 5 min,取 4 min,即 0.07 h。

则

$$Q_v/(m^3 \cdot h^{-1}) = 1.05 \times \frac{(0.38 + 1.18) \times 10.33}{0.07 \times (10.33 - 2.70)} = 31.68(0.528 \ m^3/min)$$

吸水井最低水位到水泵最高点距离 H 为

$$H/m = 91.78 - 89.70 + 0.97 = 3.05$$

则最大真空度 $H_{max} = 30.5$ kPa。

由上,选用 SZ－1J 型水环式真空泵两台,一用一备,$Q = 1.48$ m³/min,$H = 40.53$ kPa,$W = 140$ kg,真空极限压力 88.5 kPa。配套电机 Y132S－4。功率 5.5 kW,转速1 450 r/min。

4.4.6.4　排水设备

取水泵房的排水量一般为 $20 \sim 40$ m³/h,考虑排水泵总扬程在 30 m 以内,故选用 50QW30－22－5.5 型潜污泵两台,一备一用,其性能参数:流量 30 m³/h,$H = 22$ m,$n = 1$ 440 r/min,$N = 5.5$ kW。

集水坑尺寸采用 1.5 m×1.5 m×1.5 m。

4.4.6.5　计量设备

由于送水泵站内安装电磁流量计统一计量,故本泵站内不再设计量设备。

4.5　本章小结

本章进行取水工程的设计计算。首先根据水源条件确定采用岸边合建式取水构筑物,然后根据所需的设计流量与扬程选择了 4 台 350S16 水泵,三用一备,接下来进行了进水间和泵房的设计计算,主要包括格栅与格网面积、进水间平面与高程布置、水泵基础设计、水泵吸压水管路设计、泵房平面与高程布置等。

第 5 章　地表水净水厂设计

5.1　厂址的选择

净水厂厂址选择应在整个给水系统设计方案中全面规划,综合考虑,通过技术经济比较确定。在选择厂址时,一般应考虑以下几个经济问题:

(1)厂址应选在工程地质条件较好的地方,一般应选在地下水位较低、承载力较大、湿陷性等级不高、岩石较少的地层,以降低工程造价和便于施工;

(2)水厂应尽可能选在不受洪水威胁的地方,否则应考虑防洪问题;

(3)水厂应少占农田或不占良田,并留有适当的发展余地;要考虑周围卫生条件和《生活饮用水卫生标准》中规定的卫生防护要求;

(4)水厂应设置在交通方便、靠近电源的地方,以利于施工管理和降低输电线路的造价,并考虑沉淀池排泥及滤池冲洗水排放方便;

(5)当用水区距离取水地点较远时,水厂一般设置在取水构筑物附近,通常与取水构筑物建在一起;当用水区距离取水地点较近时,厂址选择有两种方案:一是将水厂设置在取水构筑物附近,另一种是将水厂设置在离用水区较近的地方,以上不同方案应考虑多种因素,并结合其他具体情况,通过技术经济比较确定。

本设计按照上述原则并结合东方市具体情况,净水厂设于市区西南,靠近水源地,具体位置见城市管网平面图。

5.2　工艺流程的选择

5.2.1　原始资料

东方市原水水质主要参数见表 1.5。

5.2.2　主要设计依据

(1)《室外给水设计规范(GB50013—2006)》;
(2)《生活饮用水卫生标准(GB5749—2006)》;
(3)《给水排水设计手册(第二版)》第 1 册、第 3 册、第 10 册、第 11 册;
(4)《给水工程(第四版)》;

5.2.3　水厂设计流量

已知城市最高日用水量 $Q_d = 121\ 166.294\ \text{m}^3/\text{d}$,其中地表水厂为 $71\ 166.294\ \text{m}^3/\text{d}$,

自用水系数取 1.05,则水厂设计水量

$$Q/(\mathrm{m^3 \cdot d^{-1}}) = \alpha \frac{Q_d}{T} = 1.05 \times \frac{71\ 166.294}{24} = 74\ 725(3\ 113.5\ \mathrm{m^3/h}, 0.865\ \mathrm{m^3/s})$$

5.2.4　工艺流程选择

由水源水质分析结果可知,该市水源地水质较好,满足《地表水环境质量标准》(GB3838—2002)中集中式生活饮用水地表水源地水质标准,考虑到水中有微臭味,采用高锰酸钾预氧化与常规处理工艺结合,出水可满足《生活饮用水卫生标准》(GB5749—2006)的要求。

净水流程中各主要工艺方案设计如下。

5.2.4.1　混凝

混凝药剂种类很多,按化学性质分为无机和有机两类。目前,给水处理中常用的混凝剂为铁盐和铝盐及其水解聚合物等无机药剂(硫酸铝、聚合氯化铝、三氯化铁、硫酸亚铁、聚合硫酸铁等)。有机混凝剂主要是一些有机高分子物质。

考虑到华北地区冬季水温较低,为保证混凝效果,选用适应性较高的聚合氯化铝。聚合氯化铝又称碱式氯化铝,是一种无机高分子化合物,其主要优点有:絮凝体较硫酸铝絮凝体致密且大,易于沉降;温度适应性高;混凝过程中消耗碱度少,适应的 pH 范围较宽;与硫酸铝相比,含 Al_2O_3 成分高,投药量少,节省药耗。在冬季低温低浊期,投加活化硅酸作为助凝剂,改善混凝效果。混凝剂采用湿投法,投加和计量设备采用计量泵。

混合:常用的混合方式有水泵混合、管式混合和机械混合,由于取水泵房距水厂有一定距离且水量变化不大,因此采用管式静态混合器。管式静态混合器优点包括:设备简单,维护管理方便;不需土建构筑物;在设计流量范围内混合效果较好;不需外加动力设备。其缺点是水量变化较大时影响混合效果,且水头损失较大。

絮凝:常用絮凝池的形式有隔板絮凝池(包括往复式、回转式)、折板絮凝池、网格(栅条)絮凝池、机械絮凝池等,本设计采用网格絮凝池。网格絮凝池絮凝时间短,絮凝效果好,构造简单,适用于水量变化不大的水厂。

5.2.4.2　沉淀

目前,给水处理中常用的沉淀池是平流沉淀池和斜管(板)沉淀池。平流沉淀池操作管理方便,对原水浊度适应性强,处理效果稳定,但占地面积大,一般用于大中型水厂;基于浅池理论诞生的斜板和斜管沉淀池具有沉淀效率高、停留时间短、占地面积小等优点。故本次设计选用斜管沉淀池。

5.2.4.3　过滤

目前,常用的滤池有普通快滤池、双阀滤池、虹吸滤池、无阀滤池、移动罩滤池、V 型滤池、多层滤料滤池等。

普通快滤池阀门多,且阀门易损坏,但其运行稳妥,出水水质较好;移动罩滤池机电及控制设备较多,自动控制和维修较复杂,对大型水厂才能体现其优点;虹吸滤池和重力无阀滤池尽管节省了阀门,但虹吸滤池属于变水头等速过滤,出水水质不稳定,重力无阀滤池由于重力式水箱在滤池上部,高度较大,提高了滤池前面的处理构筑物的标高,会给整个水厂的高程布置带来困难;V 型滤池对配水系统精度要求高,增加供气设备,增加基建投资与维修工作量。然而,采用气、水反冲再加始终存在的横向表面扫洗,运行稳定可靠,冲洗效果好,冲洗水量大大减少,同时 V 型滤池滤层含污量大,周期长,滤速高,出水水质好,不易产生滤料流失现象。故本设计采用 V 型滤池。

5.2.4.4 消毒

水的消毒方法很多,包括氯及氯化物消毒、臭氧消毒、紫外线消毒等。加氯消毒操作简单,投量准确,价格便宜,来源广泛,且在管网中有持续消毒杀菌作用。但研究发现,受有机物污染的水经氯消毒后往往会产生一些副产物,如三卤甲烷等,威胁人体健康,因此人们开展了其他消毒方法的研究。但是,就目前情况而言,氯消毒仍是应用最广泛的一种消毒方法。本设计中原水有机物含量不高,考虑到消毒副产物前驱物已在前几项工艺中基本去除,液氯消毒氯化副产物极低,特别是采用滤后消毒的加氯点,基本不会产生三氯甲烷等有害人体健康的消毒副产物。故仍采用传统的液氯消毒方式。

综上所述,确定水厂工艺流程为

$$\text{原水} \rightarrow \underset{\underset{\text{KMnO}_4 \quad \text{PAC}}{\downarrow \quad \downarrow}}{\text{静态混合器}} \rightarrow \text{网格絮凝池} \rightarrow \text{斜管沉淀池} \rightarrow \text{V 型滤池} \rightarrow \underset{\underset{\text{Cl}_2}{\downarrow}}{\text{清水池}} \rightarrow \text{二泵站} \rightarrow \text{出水}$$

5.3 加药间设计

混凝阶段所处理的对象主要是水中悬浮物和胶体杂质。该阶段是水处理工艺中一个重要步骤,其完善程度对后续处理工艺如沉淀、过滤影响很大。

水质的混凝处理是向水中加入混凝剂,通过混凝剂水解产物压缩胶体颗粒的扩散层,达到胶体脱稳而相互凝聚,或者通过混凝剂的水解和缩聚反应而形成的高聚物的强烈吸附架桥作用,使胶体被吸附黏结,从而达到去除胶体颗粒的目的。

5.3.1 混凝剂投量

根据 5.2 节分析,混凝剂采用聚合氯化铝(PAC)。东方市位于华北地区,原水浊度 $60\sim700$ NTU,根据该地区类似水厂情况,确定最大投加量为 40 mg/L,平均投加量为 20 mg/L。混凝剂采用固体聚合氯化铝,Al_2O_3 含量 30%。

混凝剂用量为

$$T = \frac{aQ}{1\,000} \tag{5.1}$$

式中 T—— 混凝剂用量,kg/d;

　　　 a—— 药剂投加量,mg/L;

　　　 Q—— 设计水量,m^3/d。

则混凝剂最大用量

$$T_{max}/(\text{kg} \cdot \text{d}^{-1}) = \frac{40 \times 74\,725}{1\,000} = 2\,989$$

混凝剂平均用量为

$$T_{ave}/(\text{kg} \cdot \text{d}^{-1}) = \frac{20 \times 74\,725}{1\,000} = 1\,494$$

原水碱度为 3.2 mg/L,且 PAC 的 pH 适应范围比较宽,因此不需投加碱。

5.3.2　混凝剂的投加

投加方式采用湿投法,湿投法药液和原水易混合,不易堵塞入口,管理方便,且投量易调节,但湿投法也存在着占地面积大、设备容易腐蚀等缺点。因此在设计中,各管路及设备采用耐腐蚀的材料,各设备及管路的布置详见加药间图纸。

混凝剂投加流程:PAC(固体) → 溶解池 → 溶液池 → 定量投加设备。

5.3.2.1　溶液池设计

溶液池容积为

$$W_1 = \frac{a \cdot Q}{417 \cdot b \cdot n} \tag{5.2}$$

式中　　W_1——溶液池容积,m^3;

　　　　a——混凝剂最大投加量,mg/L;

　　　　Q——设计处理水量,m^3/h;

　　　　b——混凝剂浓度,一般采用 5% ~ 20%;

　　　　n——每日调节次数,一般不超过 3 次。

设计中取 $b=10\%$,$n=2$,已知 $a=40$ mg/L,$Q=3\,113.5$ m^3/h,则

$$W_1/\text{m}^3 = \frac{40 \times 3\,113.5}{417 \times 2 \times 10} = 14.93$$

溶液池采用钢筋混凝土结构,分两格,交替使用,连续投药,单格尺寸为 $L \times B \times H = 3.4$ m $\times 3.0$ m $\times 2.0$ m,其中包括超高 0.30 m 与沉渣高度 0.2 m,则其有效水深为 1.0 m,有效容积为 15.30 m^3。

溶液池旁设工作台,宽 1.2 m;底部设 DN100 放空管,材质为硬聚氯乙烯塑料;溶液池底坡度 0.02,坡向放空管;池内壁用环氧树脂进行防腐处理;沿地面接入 DN80 给水管,采用硬聚氯乙烯塑料管,于两池分设放水阀门,按 1 h 放满考虑。

5.3.2.2　溶解池设计

溶解池容积为

$$W_2 = (0.2 \sim 0.3)W_1 \tag{5.3}$$

式中　　W_1——溶液池容积,m^3;

　　　　W_2——溶解池容积,m^3。

$$W_2/\text{m}^3 = 0.3 \times 14.93 = 4.48$$

溶解池采用钢筋混凝土结构,单池尺寸为 $L \times B \times H = 2.0$ m $\times 2.0$ m $\times 1.5$ m,其中包括超高 0.3 m 和沉渣高度 0.2 m。设两座溶解池,其中一座备用。溶解池底部设 DN100 排渣管,采用硬聚氯乙烯塑料管;池底坡度 0.02,坡向排渣管;内壁用环氧树脂进行防腐处理;沿地面接入 DN80 给水管,采用硬聚氯乙烯塑料管。

搅拌设备采用机械搅拌,中心固定式桨板搅拌机,桨叶直径 750 mm,桨板深度 1 200 mm,搅拌机重 200 kg。

5.3.2.3　投药和计量设备

本设计采用计量泵投加混凝剂,计量泵每小时加药量为

$$q = \frac{W_1}{12} \tag{5.4}$$

式中　　q—— 计量泵每小时投加药量,m^3/h;

　　　　W_1—— 溶液池容积,m^3。

则　　　　　　　　$q/(m^3 \cdot h^{-1}) = \frac{W_1}{12} = \frac{14.93}{12} = 1.24$

选用 JZ630/0.6 型柱塞计量泵三台,两用一备。JZ630/0.6 型柱塞计量泵主要性能参数:额定流量 630 L/h,最大压力 0.6 MPa,泵速 126 min^{-1},电机功率 0.75 kW,进口与出口管径为 DN25。

5.3.3　预氧化系统设计

高锰酸钾的消耗量是确定高锰酸钾投加量的一个主要指标,可通过烧杯搅拌实验确定。高锰酸钾消耗量与原水水质、温度、反应时间等有关。其测定方法为:在一定温度下,向 1 L 原水中投入不同量的高锰酸钾,剧烈搅拌一定时间(此时间由实际水处理工艺中高锰酸钾投加点到反应池出口的水力停留时间确定)后观察水的颜色,当水中高锰酸钾的特征浅粉红色刚消失时,此时的高锰酸钾投加量既为该种地表水的最高高锰酸钾消耗量,实际应用中可参照此作为高锰酸钾的最高投加量。一般生产运行中的高锰酸钾投加量低于此投加量。由于缺少详细数据,参照文献,本设计采用高锰酸钾最大投加量取为 1 mg/L,使用浓度为 4%,每日调节次数为 1 次(高锰酸钾的使用浓度通常为 3% ~ 5%,每次配制溶液在搅拌条件下溶解时间 1 ~ 2 h,每次配制溶液可使用 1 ~ 2 d。通常投加量 0.2 ~ 2 mg/L,也有文献提出为 1 ~ 3 mg/L)。

有关溶解池(罐)以及溶液池(罐)的设计同前述 PAC 混凝剂。

5.3.3.1　溶解罐的设计

高锰酸钾用量

$$T = \frac{aQ}{1\ 000}$$

式中　　T—— 混凝剂用量,kg/d;

　　　　a—— 药剂投加量,mg/L;

　　　　Q—— 设计水量,m^3/d。

则高锰酸钾最大用量

$$T_{max}/(kg \cdot L^{-1}) = \frac{1 \times 74\ 725}{1\ 000} = 74.725$$

溶液池容积为

$$W_1 = \frac{a \cdot Q}{417 \cdot b \cdot n}$$

式中　　W_1——溶液池容积，m^3；

　　　　a——混凝剂最大投加量，mg/L；

　　　　Q——设计处理水量，m^3/h；

　　　　b——混凝剂浓度，采用 4%；

　　　　n——每日调节次数，一般不超过 3 次。

设计中取 $b=4\%$，$n=1$，已知 $a=1\ mg/L$，$Q=3\ 113.5\ m^3/h$，则

$$W_1/m^3=\frac{1\times 3\ 113.5}{417\times 1\times 4}=1.87$$

设两溶液罐，交替使用，连续投药，每罐尺寸为 $D=1.4\ m$，$H=1.6\ m$，其中包括超高 0.30 m，则其有效水深为 1.3 m，有效容积为 2.00 m^3。

溶液池旁设工作台，宽 1.2 m；底部设 DN100 放空管，材质为硬聚氯乙烯塑料；溶液池底部坡度 0.02，坡向放空管；池内壁用环氧树脂进行防腐处理；沿地面接入 DN80 给水管，采用硬聚氯乙烯塑料管，于两池分设放水阀门，按 1 h 放满考虑。

5.3.3.2　溶解罐设计

溶解罐容积为

$$W_2=(0.2\sim 0.3)W_1$$

式中　　W_1——溶液罐容积，m^3；

　　　　W_2——溶解罐容积，m^3。

$$W_2/m^3=0.3\times 1.87=0.56$$

溶解罐直径为 0.8 m，高为 1.5 m，其中包括超高 0.3 m 和沉渣高度 0.1 m，则有效水深为 1.1 m，有效容积为 0.60 m^3。设两个溶解罐，其中一座备用。溶解罐底部设 DN100 排渣管，采用硬聚氯乙烯塑料管；池底坡度 0.02，坡向排渣管；内壁用环氧树脂进行防腐处理；沿地面接入 DN80 给水管，采用硬聚氯乙烯塑料管。

搅拌设备采用机械搅拌，YJ－105 型可调式搅拌机，浆板长度为 105 mm，转速 1 420 r/min，功率 0.55 kW。

5.3.3.3　投药和计量设备

本设计采用计量泵投加混凝剂，计量泵每小时加药量为

$$q=\frac{W_1}{24} \tag{5.5}$$

式中　　q——计量泵每小时投加药量，m^3/h；

　　　　W_1——溶液罐容积，m^3。

则　　　　　　　　$q/(m^3\cdot h^{-1})=\frac{W_1}{24}=\frac{1.87}{24}=0.08$

选用 JZ80/5.0 型柱塞计量泵两台，一用一备。Z80/5.0 型柱塞计量泵主要性能参数：额定流量 80 L/h，最大压力 5 MPa，泵速 102 r/min，电机功率 0.75 kW，进口与出口管径为 DN15。

高锰酸钾预氧化工艺的投加系统主要由药剂制备和药剂投加两大部分组成。药剂制备的设备由溶解罐、搅拌机、液位开关、放空管等部分组成。药剂投加部分的设备包括溶

液罐、液位开关、出药 Y 型过滤器、加药泵进药电磁阀、计量泵、脉冲阻尼器(均流器)、压力表、背压止回阀、安全阀以及取样阀等。两台计量泵(一用一备)。

5.3.4　加药间和药库的设计

5.3.4.1　加药间设计

各种管线布置在管沟内,给水管采用镀锌钢管,加药管采用塑料管,排渣管为塑料管。加药间内设两处冲洗地坪用水龙头 DN25。为便于冲洗水集流,地坪坡度为 0.005,并坡向集水坑。

加药间布置如下:

(1)加药间与药库合并布置;

(2)加药间位置应尽量靠近投加点,加药间布置应兼顾电器、仪表、自控等专业的要求;

(3)本设计加药间布置成一字形;

(4)搅拌池边设置排水沟,四周地面坡向排水沟;

(5)加药管管材采用硬聚氯乙烯管;

(6)加药间内保持良好的通风。

5.3.4.2　药库的设计

按照储存 30 d 药剂计算药剂体积,则 PAC 的用量为

$$T_{30} = \frac{a}{1\ 000} \times Q \times 30 \tag{5.6}$$

式中　T_{30}——30 天 PAC 用量,t;

　　　a——PAC 投加量,mg/L;

　　　Q—— 处理水量,m³/d。

已知聚合氯化铝最大用量为 2 989 kg/d,则需储存聚合铝量为

$$T_{30}/t = \frac{40}{1\ 000} \times 74\ 725 \times 30 = 89.67$$

聚合氯化铝密度按 1.15 g/m³ 计,药品堆放高度按 1.5 m 计,则储存药剂所需面积(m²)为

$$\frac{89.67}{1.15 \times 1.5} = 52$$

同样,按照储存 30 天药剂计算药剂体积,则高锰酸钾用量为

$$T_{30}/kg = \frac{1}{1\ 000} \times 74\ 725 \times 30 = 2\ 240(2.24\ t)$$

密度按 2.07×10³ kg/m³ 计,药品堆放高度按 1.5 m 计,则储存药剂所需面积(m²)为

$$\frac{2\ 240}{2.07 \times 10^3 \times 1.5} = 0.72$$

高锰酸钾与 PAC 共同存贮,药库与加药间合建,考虑药剂运输、搬运等所需空间,这部分面积按药品占有面积的 30% 计,则药库所需面积为 52.72×1.3 = 68.5 m²,设计取

70 m²。

确定药库尺寸为 $L \times B = 10.0\ m \times 7.0\ m$。整个加药间(含药库和值班控制室)尺寸为 $L \times B = 20.0\ m \times 15.0\ m$。详见加药间工艺图。

5.4　混合设备设计

在混合阶段,水中杂质颗粒较小,要求混合速度快,剧烈搅拌的主要目的并非为了造成颗粒的剧烈碰撞。而是使药剂迅速而均匀地扩散于水中,以利于混凝剂快速水解和聚合颗粒脱稳,并借助于布朗运动进行异向絮凝。由于混凝剂在水中化学反应,颗粒脱稳和异向絮凝速度都相当快。因此混合要快速剧烈,在 $10 \sim 30\ s$ 最多不超过 2 min 内完成。

本设计采用管式静态混合器。已知水厂原水管采用两根 DN700 管道,每条管道设计流量为 432.4 L/s,设计流速为 1.12 m/s。

根据静态混合器内水头损失公式为

$$h = 0.1184 n \frac{Q^2}{d^{4.4}} \tag{5.7}$$

式中　　h——水头损失,m;

　　　　Q——处理水量,m³/s;

　　　　d——管道直径,m;

　　　　n——混合单元,个。

设计中 $Q = 0.432\ m^3/s, d = 0.7\ m$,则 $n = 3$ 时有

$$h/m = 0.118\ 4 \times 3 \times \frac{0.432^2}{0.7^{4.4}} = 0.32$$

满足混合要求,因此每根输水管上安装一个 DN700 内装 3 个混合单元的静态混合器。

5.5　反应池设计

5.5.1　设计水量

水厂设计水量为 74 725 m³/d,水厂自用水量为 5%,网格絮凝池分为两个系列,每个系列分为两组,一组絮凝池设计水量为

$$Q_1 = \frac{Q}{2 \times 2 \times T} \tag{5.8}$$

式中　　Q_1——每个絮凝池处理水量,m³/h;

　　　　Q——水厂处理水量,m³/d;

　　　　T——运行时间,h。

设计中取 $T = 24\ h$。

$$Q_1/(m^3 \cdot h^{-1}) = \frac{74\ 725}{2 \times 2 \times 24} = 778.4(0.216\ m^3/s)$$

5.5.2　反应池形式及设计参数的确定

反应池可以分为机械和水力两大类,本设计选用水力网格絮凝池,该类型絮凝反应效果好,反应时间短,构造简单,管理方便。

(1)竖井内前段和中段流速为 0.12 ~ 0.14 m/s,末段流速为 0.1 ~ 0.14 m/s。设计中取 0.12 m/s。

(2)隔板反应池间距共分四档。反应池絮凝时间为 $t = 10$ min。

(3)为使单格面积不至过大,采用四座絮凝池,每两座为一组,则每座絮凝池设计水量 $Q' = 778.4$ m³/h $= 0.216$ m³/s。根据《给水排水设计手册(第二版)》,混合池至絮凝池连接管中设计流速为 1.0 ~ 1.5 m/s。故每座絮凝池进水管径取 500 mm,$v = 1.10$ m/s,$1000i = 3.22$。

(4)反应池平均水深取 $H = 4.0$ m,超高 0.40 m。

5.5.3　池体的设计

5.5.3.1　有效容积

$$V' = Q_1 T \tag{5.9}$$

式中　　Q_1——单个絮凝池处理水量,m³/h;

　　　　V——絮凝池有效容积,m³;

　　　　T——絮凝时间,h,一般采用 10 ~ 15 min。

设计中取 $T = 10$ min。

$$V'/\text{m}^3 = 0.216 \times 10 \times 60 = 129.7$$

5.5.3.2　絮凝池面积

$$A = \frac{V'}{H} \tag{5.10}$$

式中　　A——絮凝池面积,m²;

　　　　V'——絮凝池有效容积,m²;

　　　　H——水深,m。

设计中取 $H = 4.0$ m。

$$A/\text{m}^2 = \frac{129.7}{4.0} = 32.42$$

5.5.3.3　单格面积

$$f = \frac{Q_1}{v_1} \tag{5.11}$$

式中　　f——单格面积,m²;

　　　　Q_1——每个絮凝池处理水量,m³/h;

　　　　v_1——竖井内流速,m/s,前段和中段 0.12 ~ 0.14 m/s,末段 0.1 ~ 0.14 m/s。

设计中 v_1 取 0.12 m/s,则单格面积为

$$f/\mathrm{m}^2 = \frac{0.216}{0.12} = 1.80$$

设每格为矩形,长边取 1.4 m,短边取 1.3 m,每格实际面积 1.82 m^2,因此得分格数为

$$n/\text{个} = \frac{32.42}{1.82} = 17.8 \approx 18$$

每行分 6 格,每池布置 3 行。絮凝池布置如图 5.1 所示。

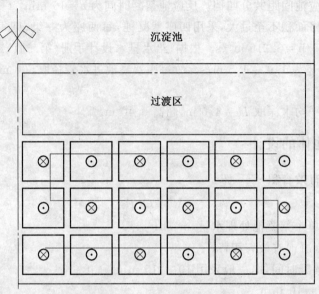

图 5.1　絮凝池布置示意图

5.5.3.4　絮凝时间

实际絮凝时间为

$$t = \frac{24a \cdot b \cdot H}{Q_1} \tag{5.12}$$

式中　t——实际絮凝时间,s;

a——每格长边长度,m;

b——每格短边长度,m;

H——水深,m;

Q_1——每个絮凝池处理水量,m^3/s。

$$t/\mathrm{s} = \frac{1.4 \times 1.3 \times 4.0 \times 24}{0.216} = 808.9(13.48 \ \mathrm{min})$$

5.5.3.5　池高的确定

池的平均有效水深为 4.0 m,超高 0.40 m,泥斗深度 0.60 m,得到池总高度为

$$H/\mathrm{m} = 4.0 + 0.40 + 0.60 = 5.0$$

5.5.3.6　池长和池宽的确定

进水渠宽取 2.0 m,壁厚取 0.2 m。对于一组絮凝池有

池长　　　　　$L/\text{m} = 3 \times 1.3 + 4 \times 0.2 + 0.3 + 2.0 = 7.0$
池宽　　　　　$B/\text{m} = 12 \times 1.4 + 11 \times 0.2 + 2 \times 0.3 = 19.7$

5.5.3.7　过水孔洞和网格的设置

过水孔洞流速从前向后分为四档递减,第一档3格,第二档4格,第三档5格,第四档6格。进口流速为0.3 m/s,出口0.1 m/s。从前至后各档隔墙上孔洞尺寸分别为:0.72 m× 1.4 m,0.92 m×1.4 m,1.35 m×1.4 m,2.17 m×1.4 m。

根据《给水排水设计手册(第二版)》,网格前段多,中段较少,末段可不设。前段总数宜在16层以上,中段在8层以上,上下两层间距为60～70 cm,取70 cm。前三档每格均安装网格,第一档每格安装3层,网格尺寸50 mm×50 mm;第二档每格安装2层,网格尺寸80 mm×80 mm;第三档每格安装1层,网格尺寸100 mm×100 mm。

5.5.3.8　进出水

两池第一格打通,设计成配水格,进水管从此格中间进水,管轴在水面以下1.0 m。

反应池出水至过渡段。高与絮凝池相同,池宽2.0 m,出水从过渡段经沉淀池配水花墙进入沉淀池沉淀。

5.5.4　水头损失的计算

5.5.4.1　网格水头损失

$$h_1 = \xi_1 \frac{v_1^2}{2g} \tag{5.13}$$

式中　　h_1——每层网格水头损失,m;
　　　　ξ_1——网格阻力吸水,一般采用前段1.0,中段0.9;
　　　　v_1——各段过网流速,m/s。

第一档每层网格水头损失:$h_1/\text{m} = 1.0 \times 0.3^2/19.62 = 0.004\,59$;

第一档通过网格总水头损失:$\sum h'_1/\text{m} = 3 \times 3 \times 0.004\,59 = 0.041\,3$;

同理,第二档每层水头损失:0.003 45 m;总水头损失:0.027 6 m;

第三档每层水头损失:0.002 70 m;总水头损失:0.013 5 m;

所以,通过网格的总水头损失$\sum h_1 = 0.082\,4$ m。

5.5.4.2　孔洞水头损失

$$h_2 = \xi_2 \frac{v_2^2}{2g} \tag{5.14}$$

式中　　h_2——每个孔洞水头损失,m;
　　　　ξ_2——孔洞阻力系数,一般采用3.0;
　　　　v_2——孔洞流速,m/s。

第一档一格孔洞水头损失:$h_2/\text{m} = 3.0 \times 0.3^2/19.62 = 0.014$;

第一档各格孔洞总水头损失:$\sum h'_1/\text{m} = 6 \times 0.014 = 0.084$;

同理,第二档一格孔洞水头损失:0.008 09 m;总水头损失:0.032 4 m;

第三档一格孔洞水头损失：0.004 42 m；总水头损失：0.022 1 m；

第四档一格孔洞水头损失：0.001 53 m；总水头损失：0.009 2 m；

通过孔洞的总水头损失 $\sum h_2 / \text{m} = 0.105$。

通过絮凝池的总水头损失

$$h/\text{m} = \sum h_1 + \sum h_2 = 0.082\ 4 + 0.105 \approx 0.19$$

5.5.5　GT 值计算

水温 20 ℃ 时，水的动力黏滞系数 $\mu = 1.029 \times 10^{-4}$ Pa·s，速度梯度 G 为

$$G/\text{s}^{-1} = \sqrt{\frac{\rho h}{60 \mu T}} = \sqrt{\frac{1\ 000 \times 0.24}{60 \times 1.029 \times 10^{-4} \times 10.11}} \approx 62$$

$$GT = 62 \times 10.11 \times 60 = 3.8 \times 10^4$$

此值介于 $10^4 \sim 10^5$ 范围内，G 和 GT 值满足要求。

5.5.6　反应池排泥系统设计

5.5.6.1　池底设计

为便于冲洗排泥，池底按 0.02 的坡度坡向沉淀池。

5.5.6.2　排泥孔洞及排泥管

在与过渡段平行的三道每格隔墙底部，设一个 200 mm × 200 mm 方孔，冲洗排泥时由该孔将排泥水引入过渡段。

穿孔排泥管设于过渡段排泥槽内，排泥槽为梯形，顶宽 $B_1 = 1.3$ m，底宽 $B_2 = 0.3$ m，槽深 0.60 m。

穿孔管孔口直径 $d = 25$ mm，孔口面积 $f = 0.000\ 5$ m²。

孔眼数目 m 为

$$m = \frac{L}{s} - 1 \tag{5.15}$$

式中　　L—— 穿孔管长度，$L = 9.2$ m；

　　　　s—— 孔距，取 0.5 m。

则

$$m/\text{个} = \frac{9.2}{0.5} - 1 = 17$$

孔眼向下与垂直线成 45°，分两行交错排列。

5.5.6.3　排泥渠

排泥渠接纳排泥管排出的冲洗排泥水，设计时将沉淀池排泥渠延伸到过渡段，构造尺寸见沉淀池。

5.6　沉淀池设计

5.6.1　设计参数的确定

5.6.1.1　设计流量

由前面章节可知

$$Q_0/(\text{m}^3 \cdot \text{d}^{-1}) = 74\,725(3\,113.54\ \text{m}^3/\text{h}, 0.865\ \text{m}^3/\text{s})$$

共设两组沉淀池,每组沉淀池一个池体,由隔墙分为两格,单池流量

$$Q/(\text{m}^3 \cdot \text{h}^{-1}) = Q_0/2 = 3\,113.54/2 = 1\,556.77(0.432\ \text{m}^3/\text{s})$$

5.6.1.2　沉淀池布置

进水孔为穿孔花墙,设在斜管区下方;斜管倾向进水方向;集水槽与水流方向平行,沉淀池尾端设一条出水渠;池底设排泥槽。

5.6.2　池体尺寸计算

5.6.2.1　沉淀池表面积

$$A = \frac{Q}{q} \tag{5.16}$$

式中　　A——斜管沉淀池的表面积,m^2;

　　　　q——表面负荷,$\text{m}^3/(\text{m}^2 \cdot \text{h})$,一般采用 $9.0 \sim 11.0\ \text{m}^3/(\text{m}^2 \cdot \text{h})$。

设计中取 $q = 9\ \text{m}^3/(\text{m}^2 \cdot \text{h})$,则有

$$A/\text{m}^2 = \frac{1\,556.8}{9} = 173$$

5.6.2.2　沉淀池长度和宽度

为配合絮凝池平面尺寸,取 $L = 19.7\ \text{m}$,则沉淀池宽度为

$$B = \frac{A}{L} \tag{5.17}$$

式中　　B——沉淀池宽度,m。

则　　　　　　　$$B/\text{m} = \frac{173}{19.7} = 8.78(设计中取 9\ \text{m})$$

为了配水均匀,进水区布置在 19.2 长度方向一侧。在 9 m 的宽度中扣除无效长度约为 0.5 m,则净出口面积为

$$A = \frac{(B - 0.5) \times L}{k_1} \tag{5.18}$$

式中　　A_1——净出口面积,m^2;

　　　　k_1——斜管结构系数。

设计中取 $k_1 = 1.03$,则

$$A/\mathrm{m}^2 = \frac{(9-0.5) \times 19.2}{1.03} = 158.4$$

5.6.2.3　沉淀池总高度

$$H = h_1 + h_2 + h_3 + h_4 + h_5 \tag{5.19}$$

式中　　H——沉淀池总高度,m;

h_1——保护高度,m,一般采用 $0.3 \sim 0.5$ m;

h_2——清水区高度,m,一般采用 $1.0 \sim 1.5$ m;

h_3——斜管区高度,m,斜管斜长 1.0 m,安装倾角 $60°$,则

$$h_3/\mathrm{m} = 1.2 \times \sin 60° = 0.87$$

h_4——配水区高度,m,一般不小于 $1.0 \sim 1.5$ m;

h_5——排泥槽高度,m。

设计中取 $h_1 = 0.4$ m,$h_2 = 1.5$ m,$h_4 = 1.5$ m,$h_5 = 0.73$ m,则

$$H/\mathrm{m} = 0.4 + 1.5 + 0.87 + 1.5 + 0.73 = 5.0$$

5.6.3　进水系统设计

絮凝池与沉淀池连接处设进水孔,进水孔在斜板区下方,为了配水的均匀,采用穿孔花墙入流。

孔口总面积为

$$A_2 = \frac{Q}{v} \tag{5.20}$$

式中　　A_2——孔口总面积,m^2;

v——孔口流速,m/s,一般要求不大于 $0.15 \sim 0.20$ m/s。

设计中取 $v = 0.10$ m/s,则

$$A_2/\mathrm{m}^2 = \frac{0.432}{0.10} = 4.32$$

每个孔口的尺寸定为 15 cm $\times 15$ cm,则孔口数为 192 个,每格沉淀池为 96 个。进水孔位置应在斜管以下、沉泥区以上部位。布置成 4 层,采用梅花型布置,第一、三层每层 24 个孔,第二、四层,每层 23 个,实际共 94 个。孔口区域高 0.9 m,距斜板底部和排泥槽顶部各 0.30 m。

5.6.4　出水系统设计

本设计采用淹没式穿孔集水槽集水。

5.6.4.1　穿孔集水槽设计

出水孔口流速 $v_1 = 0.6$ m/s,则穿孔总面积为

$$A_3 = \frac{Q}{v_1} \tag{5.21}$$

式中　　A_3——出水孔口总面积,m^2。

则

$$A_3/\mathrm{m}^2 = \frac{0.432}{0.6} = 0.72$$

设每个孔口的直径为 4 cm,则孔口的个数为

$$N = \frac{A_3}{F} \tag{5.22}$$

式中　N—— 孔口个数;

F—— 每个孔口的面积,m^2,$F/m^2 = \frac{\pi}{4} \times 0.04^2 = 0.001\ 256$

$$N/个 = \frac{0.72}{0.001\ 256} = 574$$

设每条集水槽的宽度为 0.4 m,间距 1.92 m,共设 10 条集水槽,两边开孔,每条集水槽一侧开孔数为 30 个,槽长为 9.0 m,孔间距为 30 cm。

设穿孔集水槽的起端水流截面为正方形,即宽度等于水深,则穿孔集水槽水深与宽度为

$$H_1 = B_1 = 0.9q_0^{0.4} \tag{5.23}$$

式中　H_1—— 穿孔集水槽内水深,m;

B_1—— 穿孔集水槽的宽度,m;

q_0—— 每条穿孔集水槽的流量,m^3/s。

已知 $q_0 = 0.043\ 2\ m^3/s$,则

$$H_1/m = B_1 = 0.9 \times 0.043\ 2^{0.4} = 0.26(统一取为 0.30\ m)$$

集水槽采用淹没式自由跌落,淹没深度取 5 cm,跌落高度取 5 cm,槽超高取 15 cm,则

集水槽总高度 $/m = 0.30 + 0.05 + 0.05 + 0.15 = 0.55\ m$

5.6.4.2　集水总渠设计

出水总渠宽 $B_2 = 0.80\ m$,渠道底坡度为零,则渠道起端水深为

$$H_3 = 1.73\sqrt[3]{\frac{kQ}{gB_2^2}} \tag{5.24}$$

式中　k—— 流量超载系数,取 1.20;

Q—— 集水总渠流量,即沉淀池流量,m^3/s;

g—— 重力加速度,9.81 m/s^2;

B_2—— 集水总渠宽度,m。

代入各数据,得集水总渠内水深

$$H_3/m = 1.73 \times \sqrt[3]{\frac{1.20 \times 0.43}{9.81 \times 0.8^2}} = 0.75(取 0.80\ m)$$

集水槽至集水总渠跌落高度为 0.10 m,设集水总渠顶面与沉淀池顶面平齐,则集水总渠总深为 1.40 m,则沉淀池出水系统总水头损失为 0.2 m。

5.6.4.3　出水管设计

沉淀池设计流量为 $Q = 0.432\ m^3/s$,根据《给水排水设计手册(第二版)》,沉淀池至滤池连接管路中的流速为 0.6 ～ 1.0 m/s,流速宜取下限。故出水管选用 DN900,$v = 0.682\ m/s$,$1000i = 0.618$,沉淀池出水管即为滤池进水管。

5.6.5　沉淀池斜管选择

斜管长度一般为 $0.8 \sim 1.0$ m,设计中取为 1.0 m;斜管管径一般为 $25 \sim 35$ mm,设计中取为 30 mm;斜管为聚丙烯材料,厚度 $0.4 \sim 0.5$ mm。

5.6.6　沉淀池排泥系统设计

5.6.6.1　排泥管设计

本设计采用穿孔管排泥,每天排泥一次。这种排泥方式操作简便,排泥历时短,耗水量少,排泥时不停水。排泥管兼作为沉淀池的放空管。由于首末端积泥比 $m_s = 0.5$,则查表得 $K_w = 0.72$。穿孔管孔口直径 $d = 32$ mm,孔口面积 $f = 0.000\ 8$ m²。

（1）孔眼数目

$$m = \frac{L}{s} - 1 \tag{5.25}$$

式中　　L—— 穿孔管长度,$L = 9.2$ m;

　　　　s—— 孔距,取为 0.4 m。

则　　　　　　　　　　$m/ 个 = \frac{9.2}{0.4} - 1 = 22$

（2）孔眼总面积

$$\sum w_0 / m^2 = 32 \times 0.000\ 8 = 0.025\ 7$$

（3）孔管断面积

$$w / m^2 = \frac{\sum w_0}{k_w} = \frac{0.025\ 7}{0.72} = 0.035\ 7$$

（4）穿孔管直径

$$D_0 / m = \sqrt{\frac{4w}{\pi}} = \sqrt{\frac{4 \times 0.035\ 7}{3.14}} = 0.21(D_0 = 200\ mm)$$

查表知:$\lambda = 0.045$,即选用管径为 200 mm,孔径为 32 mm,孔眼向下与垂直线成 45°,分两行交错排列,孔眼间距为 $(9 - 1)/21 = 0.38$ m,始末两个孔中心到管端距离为 0.5 m。

（5）孔口阻力系数

$$\xi_0 = \frac{1}{K_\delta^{0.7}} \tag{5.26}$$

$$K_\delta = \frac{\delta}{d} \tag{5.27}$$

式中　　ξ_0—— 孔口阻力系数;

　　　　δ—— 管壁厚度,mm;

　　　　d—— 孔径,mm。

已知 $\delta = 10$ mm,$d = 32$ mm,则

$$K_\delta = \frac{10}{32} = 0.31$$

$$\xi_0 = \frac{1}{0.31^{0.7}} = 2.27$$

（6）穿孔管末段流速

DN200 排泥管摩阻系数 $\lambda = 0.042$；无孔输泥管直径 $D_1 = 250$ mm，$l = 2.0$ m；无孔输泥管局部阻力系数 $\xi = 5.0$（含进口、出口、阀门、弯头等）。

$m = 22 < 40$，则穿孔管末端流速

$$v = \left\{ \frac{2g(H - 0.20)}{\xi_0 \left(\frac{1}{K_w}\right)^2 + \left[2.5 + \frac{\lambda}{D_0}\frac{L}{D_0}\frac{(m+1)(2m+1)}{6m^2}\right] + \frac{\lambda}{D_1}\frac{l}{D_1}\frac{D_0^4}{D_1^4} + \xi\frac{D_0^4}{D_1^4}} \right\}^{0.5} \quad (5.28)$$

式中　H——沉淀池有效水深，取 4.30 m；

　　　g——重力加速度，取 9.81 m/s^2；

　　　ξ_0——孔眼阻力系数，2.27；

　　　K_w——孔口总面积与穿孔管截面积之比，0.72；

　　　λ——水管摩阻系数，0.042；

　　　L——穿孔管长度，9.0 m；

　　　D_0——穿孔管直径，200 mm；

　　　m——孔眼个数，22；

　　　l——无孔输泥管长度，取 2.0 m；

　　　D_1——无孔输泥管直径，250 mm；

　　　ξ——无孔输泥管局部阻力系数，5.0；

将上述各值代入公式，得 $v = 2.87$ m/s。

（7）穿孔管末端流量

$$Q/(\text{m}^3 \cdot \text{s}^{-1}) = wv = 0.036 \times 2.87 = 0.10$$

5.6.6.2　排泥阀

采用手动阀门。

5.6.6.3　排泥槽

沉淀池底部为排泥槽，槽中放置排泥管，共 10 条。排泥槽为梯形，顶宽 1.8 m。底宽设 0.5 m，斜面与水平夹角约 45°，排泥槽斗高 0.73 m。

5.6.6.4　排泥渠

排泥渠接纳排泥管排出的沉淀污泥。排泥总渠与反应池排泥渠相连，同样采用渠宽 0.7 m，渠水深 0.5 m，保护高度 0.3 m。排泥渠设于反应池两侧，渠上设水泥盖板。

沉淀池平面设计草图如图 5.2 所示。详见反应沉淀池工艺图。

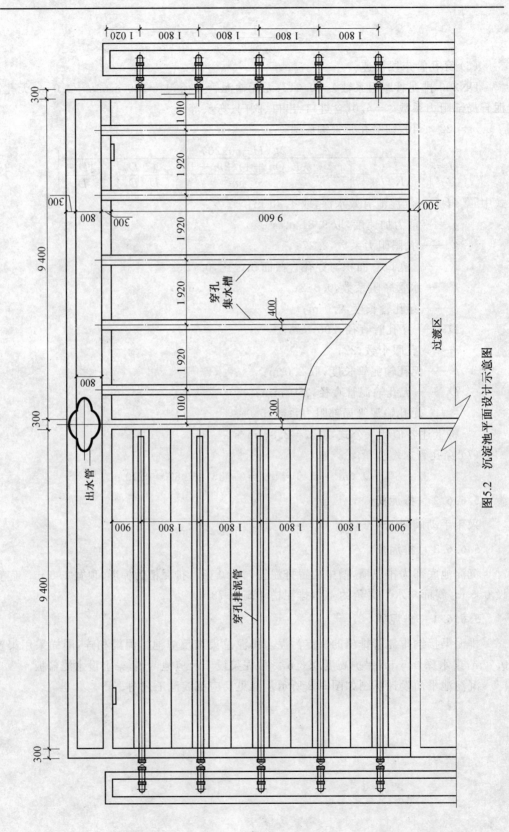

图 5.2　沉淀池平面设计示意图

5.6.7　核算

5.6.7.1　雷诺数 Re

斜管内的水流速度为

$$v_2 = \frac{Q}{A_1 \sin \theta} \tag{5.29}$$

式中　　v_2—— 斜管内的水流速度，m/s；

　　　　θ—— 斜管安装倾角，一般采用 $60° \sim 75°$。

设计中 $\theta = 60°$，$v_2/(\text{m} \cdot \text{s}^{-1}) = \dfrac{0.432}{158.4 \times \sin 60°} = 0.003\ 1(0.31\ \text{cm/s})$

雷诺数为

$$Re = \frac{Rv_2}{\nu} \tag{5.30}$$

式中　　R—— 水力半径，cm，$R/\text{mm} = d/4 = 30/4 = 7.5(0.75\ \text{cm})$；

　　　　ν—— 水的运动黏度，cm^2/s。

设计中当水温 $t = 20\ ℃$，水的运动黏度 $\nu = 0.01\ \text{cm}^2/\text{s}$。

$$Re = \frac{0.75 \times 0.31}{0.01} = 23 < 500$$

满足设计要求。

5.6.7.2　弗劳德数 Fr

$$Fr = \frac{v_2^2}{Rg} = \frac{0.31^2}{0.75 \times 981} = 1.31 \times 10^{-4}$$

Fr 介于 $0.000\ 1 \sim 0.001$ 之间，满足设计要求。

5.6.7.3　斜管中的沉淀时间

$$T = \frac{l_1}{v_2} \tag{5.31}$$

式中　　l_1—— 斜管长度，m。

设计中取 $l_1 = 1.0\ \text{m}$，则沉淀时间为

$$T/\text{s} = \frac{1.0}{0.003\ 1} = 322.6(5.4\ \text{min})$$

沉淀时间 T 一般在 $2 \sim 5\ \text{min}$ 之间，基本满足沉淀时间要求。

5.7　滤池设计

5.7.1　设计参数

5.7.1.1　过滤工况

滤池设计流量：$Q_0 = 74\ 725\ \text{m}^3/\text{d}(3\ 113.5\ \text{m}^3/\text{h}, 0.865\ \text{m}^3/\text{s})$；

待滤水浊度 ≤ 10 NTU；

滤后水浊度 ≤ 1 NTU；

滤速：取 8 m/h，强制滤速 ≤ 17 m/h；

过滤周期：$T = 24$ h；

滤料为石英砂均质滤料。

5.7.1.2　冲洗工况

第一步气冲冲洗强度 $q_{气1} = 15$ L/(m²·s)；第二步气水同时反冲，空气强度 $q_{气2} = 15$ L/(m²·s)，水强度 $q_{水1} = 4$ L/(m²·s)；第三步水冲强度 $q_{水2} = 5$ L/(m²·s)；

第一步气冲时间 $t_气 = 3$ min；第二步气水同时反冲时间 $t_{气水} = 4$ min；单独水冲时间 $t_水 = 5$ min；冲洗时间总计 $t = 12$ min $= 0.2$ h；

反洗过程始终伴随表面扫洗，扫洗强度 1.8 L/(m²·s)。

5.7.1.3　滤料

石英砂，粒径 0.95 ~ 1.35 mm，不均匀系数 $K_{80} = 1.2 ~ 1.5$。

滤层厚度取 1.0 m。

5.7.1.4　承托层

石英砂，粒径 2 ~ 4 mm，厚度 0.10 m。

5.7.1.5　集配水系统

设计为小阻力配水系统，设置滤板和滤头。

5.7.2　池体设计

5.7.2.1　滤池工作时间 t'

每天工作时间 $t'/\text{h} = 24 - t \cdot \dfrac{24}{T} = 24 - 0.20 \times \dfrac{24}{24} = 23.8$（式中未考虑排放初滤水）

5.7.2.2　滤池总面积 F

$$F/\text{m}^2 = \frac{Q_0}{v \cdot t'} = \frac{74\ 725}{8 \times 23.8} = 392.5$$

5.7.2.3　滤池的分格和尺寸

为节省占地，选双格型滤池。

设并列的两组滤池，每组滤池分为 3 座，共 6 座。一组滤池共用一条进水总渠，3 座滤池轮流反冲洗，实现近似的等水头变速过滤，提高滤后水质。

单座滤池面积为

$$f/\text{m}^2 = F/6 = 392.5/6 = 65.4$$

一般规定 V 型滤池单格长宽比为 2:1 ~ 4:1，滤池长度不宜小于 11 m；滤池中央气水分配槽将滤池宽度分成两半，每一半的宽度不宜超过 4 m。查双格滤池组合尺寸，选择板宽 3.0 m，板长 10.50 m，单格滤池面积为 31.5 m²，双格面积 $f = 63.0$ m²，总面积为 378 m²。

V 型滤池设计草图如图 5.3、图 5.4 所示。

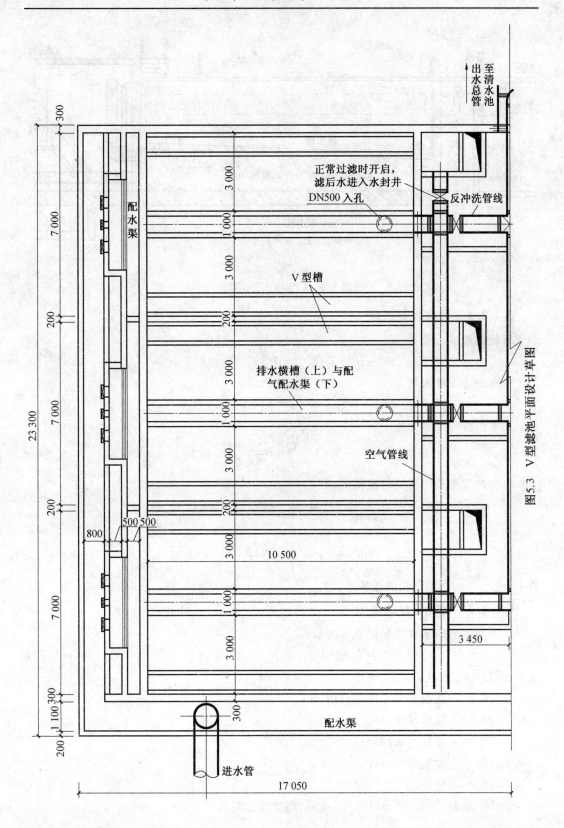

图5.3　V型滤池平面设计草图

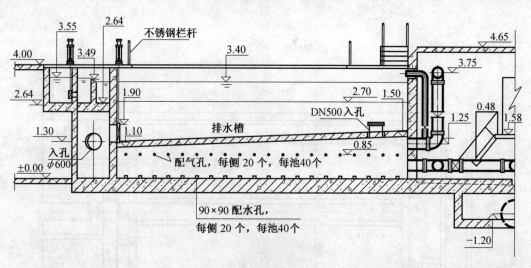

不锈钢栏杆

排水槽

DN500入孔

入孔

ϕ600

配气孔，每侧 20 个，每池40个

90×90 配水孔，

每侧 20 个，每池40个

图 5.4   V 型滤池设计草图

5.7.2.4   校核强制滤速

每组滤池设计流量

$$Q_1/(m^3 \cdot h^{-1}) = Q_0/2 = 1\ 556.77(0.432\ m^3/s)$$

每座滤池设计流量

$$Q_2/(m^3 \cdot h^{-1}) = Q_1/3 = 518.92(0.144\ m^3/s)$$

正常过滤时实际滤速

$$v/(m \cdot h^{-1}) = \frac{Q}{f} = \frac{518.92}{63.0} = 8.24$$

一座冲洗时其他滤池的流量

$$Q_强/(m^3 \cdot h^{-1}) = Q_1/2 = 778.385(0.216\ m^3/s)$$

此时的滤速

$$v_强/(m \cdot h^{-1}) = \frac{Q_强}{f} = \frac{778.335}{63.0} = 12.35$$

满足 $v \leqslant 17$ m/h 的最快滤速要求。

5.7.2.5   滤池高度的确定

V 型滤池剖面示意图如图 5.5 所示。

$$H = H_1 + H_2 + H_3 + H_4 + H_5 \tag{5.32}$$

式中 H—— 滤池总高度,m;

H_1—— 滤板下清水区的高度,m;

H_2—— 滤层厚度,m;

H_3—— 滤层上水深,m;

H_4—— 滤板厚度,m;

H_5—— 超高,m。

设计中取 $H_4 = 0.12$ m,$H_5 = 0.5$ m,则滤池总高为

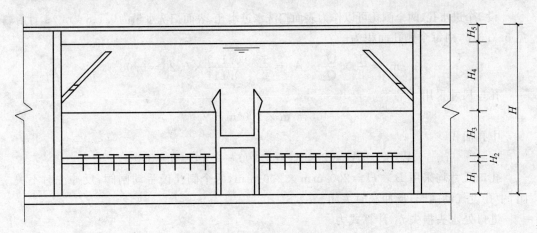

图 5.5　V 型滤池剖面示意图

$$H/\text{m} = 0.88 + 1.2 + 1.2 + 0.12 + 0.50 = 3.90$$

5.7.3　进出水系统设计

5.7.3.1　进水总渠

6 座滤池分成独立的两组。每组滤池设一条进水总渠,其过水流量按强制过滤流量设计,则强制过滤流量为

$$Q_{强}/(\text{m}^3 \cdot \text{d}^{-1}) = (72\,745/3) \times 2 = 49\,816.67(2\,075.69\ \text{m}^3/\text{h}, 0.576\ \text{m}^3/\text{s})$$

则

$$H_1 B_1 = Q_1/v \tag{5.33}$$

式中　　H_1——进水总渠内水深,m;

　　　　B_1——进水总渠净宽,m;

　　　　v_1——进水总渠内流速,m/s,根据《给水排水设计手册(第二版)》(第三册),一般
　　　　　　　为 0.7～1.0 m/s,取 0.7 m/s。

进水总渠水流断面积

$$A_1/\text{m}^2 = 0.432/0.7 = 0.62$$

设进水渠宽 $B_1 = 0.8$ m,$H_1 = 0.8$ m。

5.7.3.2　滤池进水孔

$$A = \frac{Q_2}{v_2} \tag{5.34}$$

式中　　A——进水孔面积,m²;

　　　　Q_2——每格滤池进水量,m³/s;

　　　　v_2——通过进水孔的流速,m/s,一般采用 0.6～1.0 m/s,本设计取 0.8 m/s,则

$$A/\text{m}^2 = \frac{0.144}{0.8} = 0.18 \approx 0.20$$

设3个进水孔,两个侧孔可以作为表面扫洗水进水孔,表面扫洗水量为0.113 4 m³/s,计算见5.7.3.5,则每个侧孔面积为

$$A_3/\text{m}^2 = \frac{1}{2} \times \frac{Q_3}{Q_2} \times A_2 = \frac{1}{2} \times \frac{0.113}{0.144} \times 0.20 = 0.08$$

孔口尺寸采用

$$400 \text{ mm} \times 200 \text{ mm}$$

中孔面积

$$A_4/\text{m}^2 = A_2 - 2 \times A_3 = 0.200 - 2 \times 0.08 = 0.04$$

孔口尺寸均采用 $B \times H = 200 \text{ mm} \times 200 \text{ mm}$,两个侧孔设手动闸阀,反冲洗时不关闭,中孔设气动闸阀,反冲洗时关闭。

进口处水头损失 h_1 计算式为

$$h_1 = \xi \frac{v_2^2}{2g} \tag{5.35}$$

式中　　ξ—— 进口处局部水头损失。

取 $\xi = 1.0$,则

$$h_1/\text{m} = 1.0 \times \frac{0.7^2}{2 \times 9.81} = 0.025$$

5.7.3.3　可调式过水堰

为保证进水稳定性,进水总渠引来的浑水经过可调式过水堰板进入每座滤池内的配水渠,再经滤池内的配水渠分配到两侧的 V 型槽。过水堰与进水总渠平行设置,与进水总渠侧壁相距 0.5 m,进水堰堰上水头计算式为

$$h_2 = \left(\frac{Q_2}{mb\sqrt{2g}}\right)^{\frac{2}{3}} \tag{5.36}$$

式中　　h_2—— 进水堰堰上水头,m;

　　　　m—— 过水堰流量系数,一般采用 0.42 ~ 0.50;

　　　　b—— 过水堰堰宽,m。

设计中取 $m = 0.45$,$b = 3.5$ m,则

$$h_2/\text{m} = \left(\frac{0.144}{0.45 \times 3.5 \times \sqrt{2 \times 9.81}}\right)^{\frac{2}{3}} = 0.075$$

5.7.3.4　每座滤池的配水渠

进入每座滤池的沉后水经过水堰板溢流至配水渠,由配水渠两侧的进水孔进入滤池内的 V 型槽,壁厚 100 mm。

滤池配水渠宽 0.5 m,高 1.0 m,渠总长等于滤池总宽,即 6.8 m(考虑排水槽宽0.8 m)。

5.7.3.5　V 型进水槽

(1)进水槽内水深

$$h_3 = \sqrt{\frac{2Q_3}{v_3 \cdot \tan \alpha}} \tag{5.37}$$

式中　h_3——V 型进水槽内水深，m；

　　　Q_3—— 进入 V 型进水槽的流量，m^3/s；

　　　v_3——V 型进水槽内的流速，m/s，一般采用 0.6～1.0 m/s；

　　　α——V 型槽夹角。

设计中每座滤池设两个 V 型进水槽，$Q_3/(m^3 \cdot s^{-1}) = Q_2/2 = 0.072$，取 $v_3 = 0.8$ m/s，$\alpha = 45°$，则

$$h_3/m = \sqrt{\frac{2 \times 0.072}{0.8 \times \tan 45°}} = 0.42$$

(2)V 型槽扫洗小孔

$$Q_4 = \frac{q_1 \cdot f}{1\,000} \tag{5.38}$$

$$A_4 = \frac{Q_4}{\mu\sqrt{2gh_3}} \tag{5.39}$$

$$d = \sqrt{\frac{4A_1}{\pi n_2}} \times 1\,000 \tag{5.40}$$

式中　Q_4—— 表面扫洗流量，m^3/s；

　　　q_1—— 表面扫洗水强度，$L/(s \cdot m^2)$；

　　　A_1—— 小孔总面积，m^2；

　　　μ—— 孔口流量系数；

　　　d—— 小孔直径，mm；

　　　n_2—— 小孔数目，个。

设计中取 $q_2 = 1.8$ $L/(s \cdot m^2)$，$\mu = 0.62$，取每个 V 型槽上扫洗小孔数目 60 个，则 $n_2 = 120$ 个。表面扫洗流量 Q_4、A_4 及 d 为

$$Q_4/(m^3 \cdot s^{-1}) = \frac{1.8 \times 63.0}{1\,000} = 0.113\,4$$

$$A_4/(m^2) = \frac{0.113\,4}{0.62 \times \sqrt{2 \times 9.8 \times 0.42}} = 0.063\,7$$

$$d/m = \sqrt{\frac{4 \times 0.063\,7}{3.14 \times 120}} = 26$$

取 $\Phi25$ mm（孔径一般为 20～30 mm），此时 $A'_4 = 0.058\,9$ m^2，算验小孔流速（过孔流速在 2.0 m/s 左右），根据淹没孔口出流公式

$$Q = 0.8A\sqrt{2gh} \tag{5.41}$$

式中　Q—— 单格滤池表面扫洗水量，$Q_4/2 = 0.056\,7$ m^3/s；

　　　A—— 单侧 V 型槽表面扫洗水出水孔总面积，为 0.029 45 m^2。

则表面扫洗时 V 型槽内水位高出滤池反冲洗时液面的高度 h_v 为

$$h_{v液}/m = \frac{\left(\dfrac{Q}{0.8A}\right)^2}{2g} = \frac{\left(\dfrac{0.056\,7}{0.8 \times 0.029\,45}\right)^2}{2 \times 9.81} = 0.30$$

(3)V 型槽的尺寸和位置

根据《给水排水设计手册(第二版)》，两进水槽(可调进水堰前后)底面与 V 型槽底平，不得高出。

由 5.7.6 知，排水槽顶部高 2.70 m，排水槽顶的水深(堰顶水深)$h_1 = 0.05$ m，则滤池内冲洗时水位高 2.75 m。根据《给排水设计手册(第二版)》(第三册)，V 型槽表面扫洗水出水孔中心应高出冲洗时水位 $50 \sim 150$ mm，设计取 100 mm，则小孔中心标高为 2.85 mm。孔口下缘与 V 型槽内底相平，由前述计算知 V 型槽内水位高于反冲洗时液位 0.30 m，小孔直径为 25 mm，超高 108 mm，则 V 型槽高为 520 mm，槽顶高度为 3.158 m。

5.7.3.6　水封井设计

(1)平面尺寸

井平面尺寸采用：$L \times B = 1.5$ m $\times 1.5$ m，溢流堰堰厚 $\delta = 15$ cm，堰宽 1.5 m。

(2)位置和高度

滤池采用单层加厚均质滤料，粒径 $0.95 \sim 1.35$ mm，不均匀系数 $1.0 \sim 1.3$。

均质滤料清洁滤料层的水头损失按下式计算

$$\Delta H_{清} = 180 \cdot \frac{V}{g} \cdot \frac{(1-m_0)^2}{m_0^3} \cdot \left(\frac{1}{\varphi \cdot d_0}\right)^2 \cdot l_0 \cdot v \qquad (5.42)$$

式中　$\Delta H_{清}$——水流通过清洁滤料层的水头损失，cm；

V——水的运动黏度，cm^2/s，20 ℃ 时为 $0.010\ 1\ cm^2/s$；

g——重力加速度，$981\ cm/s^2$；

m_0——滤料孔隙率，取 0.5；

d_0——与滤料体积相同的球体直径，cm，取为 0.1 cm；

l_0——滤料厚度，cm，$l_0 = 150$ cm；

v——滤速，cm/s，$v = 10$ m/h $= 0.28$ cm/s；

φ——滤料颗粒球度系数，天然沙粒为 $0.75 \sim 0.8$，取 0.8。

则 $\Delta H_{清}$ 为

$$\Delta H_{清}/cm = 180 \times \frac{0.0101}{981} \times \frac{(1-0.5)^2}{0.5^3} \times \left(\frac{1}{0.8 \times 0.1}\right)^2 \times 150 \times 0.28 = 24.32$$

根据经验，滤速为 $8 \sim 10$ m/h 时，清洁滤料层的水头损失一般为 $30 \sim 40$ cm。计算值比经验值低，取经验值的低限 30 cm 为清洁滤料层的过滤水头损失。正常过滤时，通过长柄滤头的水头损失 $\Delta h \leqslant 0.22$ m。忽略其他水头损失，则每次反冲洗后刚开始过滤时水头损失为：$\Delta h_{总}/m = 0.30 + 0.22 = 0.52$。

因为每座滤池过滤水量 $Q/(m^3 \cdot h^{-1}) = Q_1/3 = 518.92(0.144\ m^3/s)$，出水堰宽为 1.5 m。所以出水稳流槽出水堰堰上水头由薄壁非淹没出流堰的流量公式计算得 $h_{水封}$ 为

$$h_{水封}/m = \left(\frac{Q_{单}}{1.84 b_{堰}}\right)^{\frac{2}{3}} = \left(\frac{0.144}{1.84 \times 1.5}\right)^{\frac{2}{3}} = 0.14\ m$$

则滤池施工完毕，初次投入运行时，清洁滤料层过滤，滤池液面比滤料层高：$0.14 + 0.52 = 0.66$ m。水封井出水堰总高 $H_{水封} = 1.26$ m。

5.7.3.7　滤后水出水管

清水管流量即每座滤池的设计流量 $Q_2' = 0.144\ m^3/s$，选用 DN400 钢管，则流速为

1.11 m/s。

清水总渠设计流量 0.865 m³/s,根据《给水排水设计手册(第二版)》(第三册),滤后水总管渠中水的流速为 0.6～1.2 m/s。与管廊布置综合考虑,清水总渠宽取 2.0 m,深0.6 m,则清水总渠内流速为 0.72 m/s。

清水总管采用 DN1000 钢管,流速为 1.11 m/s,1000i＝1.33。

5.7.4　反冲洗及出水系统设计

5.7.4.1　气、水分配渠(按反冲洗水流量计算)

反冲洗水流量按水洗强度最大时计算。单独水洗时强度最大,则反冲洗水流量为

$$Q_5 = \frac{f' \cdot q_2}{1\,000} \tag{5.43}$$

$$H_2 \times B_2 = \frac{Q_5}{v_5} \tag{5.44}$$

式中　Q_5——反冲洗水流量,m³/s;

　　　q_2——反冲洗强度,L/(s・m²),一般采用 4～6 L/(s・m²);

　　　v_5——气、水分配渠中水的流速,m/s,一般采用 1.0～1.5 m/s;

　　　H_2——气、水分配渠内水深,m;

　　　B_2——气、水分配渠宽度,m。

设计中取 q_2＝5 L/(s・m²),v_5＝1.0 m/s,B_2＝0.6 m,则 Q_5、H_2 为

$$Q_5/(\text{m}^3 \cdot \text{s}^{-1}) = \frac{f' \cdot q_2}{1\,000} = \frac{5 \times 63.0}{1\,000} = 0.315$$

$$H_2/\text{m} = \frac{0.315}{1.0 \times 0.6} = 0.525$$

5.7.4.2　配水方孔面积和间距

$$A_5 = \frac{Q_5}{v_6} \tag{5.45}$$

$$n_3 = \frac{A_5}{f_1} \tag{5.46}$$

式中　A_5——配水方孔总面积,m²;

　　　v_6——配水方孔流速,m/s,一般采用 0.5～1.0 m/s;

　　　f_1——单个方孔的面积,m²;

　　　n_3——方孔个数,个。

设计中取 v_6＝1.0 m/s,f_1＝0.09×0.09 m²

$$A_5/\text{m}^2 = \frac{0.315}{1.0} = 0.32$$

$$n_3/\text{个} = \frac{0.32}{0.09^2} = 42$$

则实际上 A'_5/m^2＝42×0.09×0.09＝0.32。在气水分配渠两侧分别布置20个配水方孔,孔口间距0.52 m。

5.7.4.3　布气圆孔的间距和面积

布气圆孔的数目及间距和配水方孔相同,采用直径为 60 mm 的圆孔,其单孔面积为 $\frac{3.14}{4} \times 0.06^2 = 0.002\ 8$ m^2,所有圆孔的面积之和为 $40 \times 0.002\ 8 = 0.112$ m^2。

5.7.4.4　空气反冲洗时所需空气流量

$$Q_6 = \frac{f' \cdot q_3}{1\ 000} \tag{5.47}$$

式中　　Q_6——空气反冲洗时所需空气流量,m^3/s;

　　　　q_3——空气冲洗强度,L/(s·m^2),一般采用 $13 \sim 17$ L/(s·m^2)。

设计中取 $q_3 = 15$ L/(s·m^2)

$$Q_6/(\text{m}^3 \cdot \text{s}^{-1}) = \frac{63.0 \times 15}{1\ 000} = 0.945$$

空气通过圆孔的流速为 $\frac{0.945}{0.112} = 8.44$ m/s(孔口流速 10 m/s 左右)。

5.7.4.5　底部配水系统

底部配水系统采用 QS-Ⅰ 型长柄滤头,材质为 ABS 工程塑料,滤帽高 40 mm,上有 40 条缝隙,缝隙宽 0.25 mm,长 25 mm,总面积 2.5 cm^2;滤柄长 40 cm,上部有 Φ2 mm 小孔,下部有长 54 mm、宽 1 mm 条缝,数量为 55 只/m^2。滤板采用 0.05 m 厚预制板,上面浇 0.10 m 厚的混凝土层。滤头安装在混凝土滤板上,滤板搁置在梁上。

采用标准预制混凝土滤板,预制时将长柄滤头预埋入滤板。滤板平面尺寸为 $L \times B = 970$ mm $\times 1\ 025$ mm,滤板与滤板之间及滤板与滤池壁之间有 20 mm 的安装缝隙(滤池长边方向两侧滤板与滤池壁之间缝隙约为 40 mm),因此每格滤池内共有 $3 \times 10 = 30$ 块滤板,每座滤池内有 60 块滤板。滤梁宽度为 10 cm。

每块滤板上设 $8 \times 7 = 56$ 个长柄滤头,滤头中心距滤板边缘 65 mm,滤头横向间距 $895 \div 7 = 127.86$ mm,纵向间距为 $840 \div 6 = 140$ mm。

每座滤池内长柄滤头总数为

$$n/\text{个} = 60 \times 56 = 3\ 360$$

滤头滤帽缝隙总面积与滤池过滤面积之比

$$\beta = \frac{n \cdot f_0}{f'} \times 100\%$$

式中　　β— 滤帽缝隙总面积与滤池过滤面积之比,%;

　　　　n— 每座滤池滤头总数,个;

　　　　f_0— 每个滤帽缝隙面积,m^2;

设计中 $n = 3\ 360$ 个,$f_0 = 2.5$ cm^2(0.000 25 m^2),$f' = 63.0$ m^2,则

$$\beta = \frac{3\ 360 \times 0.000\ 25}{63.0} \times 100\% = 1.33\%$$

满足 $1.2\% \sim 2.4\%$ 要求。

为了确保反冲洗时滤板下面任何一点的压力均等,并使滤板下压入的空气可以尽快

形成一个气垫层,滤板与池底之间应有一个高度适当的空间。一般来讲,滤板下面清水区高度为 $0.85 \sim 0.95$ m,该高度足以使空气通过滤头的孔和缝隙充分地混合并均匀分布在整个滤池面积之上,从而保证了滤池的正常过滤和反冲洗效果。设计中取滤板下清水区的高度 $H_5 = 0.88$ m。同时,为了使气垫层布气均匀及压力平衡,支撑滤板的滤板梁应垂直于配气配水渠,且梁顶应留空气平衡缝,缝高 $20 \sim 50$ mm,取 50 mm,长为 1/2 滤板长,即为 495 mm,位置在每块滤板的中间部位。

反冲洗时,气垫层高为 $100 \sim 200$ mm,取 200 mm,冲洗水层高 $500 \sim 700$ mm,取 680 mm。滤柄长度为滤板厚度＋气垫层厚度＋50 mm,淹没水深 $/\text{mm} = 120 + 200 + 50 = 370$。

5.7.5　过滤系统设计

滤料选用石英砂,粒径 $0.95 \sim 1.35$ mm,不均匀系数 $K_{80} = 1.0 \sim 1.3$,滤层厚度一般采用 $1.2 \sim 1.5$ m,设计中取滤层厚度 H_6 为 1.2 m。

滤层上水深一般采用 $1.2 \sim 1.3$ m,设计中取滤层上水深 $H_7 = 1.2$ m。

5.7.6　排水系统设计

排水槽底板坡度 $\geqslant 0.02$,坡向出口;底板地面最低处应高出滤板底约 0.1 m,最高处高出 $0.4 \sim 0.5$ m,取 0.5 m,使有足够高度安装冲洗空气进气管;排水槽内的最高水面宜低于排水槽顶面 $50 \sim 100$ m,取 100 mm。排水槽底层为配水配气渠。为方便施工,两者高度取为一致。

滤池冲洗时,排水槽顶的水深(堰顶水深)按下式计算

$$h_1 = \left[\frac{(q_1 + q_2)B}{0.42\sqrt{2g}} \right]^{\frac{2}{3}} \tag{5.48}$$

式中　h_1——排水槽顶的水深,m;

　　　q_1——表面扫洗水强度,$\text{m}^3/(\text{s} \cdot \text{m}^2)$;

　　　q_2——水冲洗强度,$\text{m}^3/(\text{s} \cdot \text{m}^2)$;

　　　B——单边滤床宽度,m;

　　　g——重力加速度 9.81 m/s^2。

则　　　　　$h_1/\text{m} = \left[\dfrac{(1.8+5) \times 10^{-3} \times 3}{0.42 \times \sqrt{2 \times 9.81}} \right]^{\frac{2}{3}} = 0.049(\text{取 } 0.05 \text{ m})$

排水渠设在与管廊相对的一侧。排水槽出口设置电动闸阀。出口流速按 2.0 m/s 设计。

排水渠终点水深为

$$H_{排1} = \frac{Q_4 + Q_5}{B_2 \cdot v_7} \tag{5.49}$$

式中　$H_{排1}$——排水渠终点水深,m;

　　　v_7——排水渠流速,m/s,一般采用 $v_7 \geqslant 1.5$ m/s。

设计中取排水渠和气水分配渠等宽,即 $B_2 = 0.6$ m,取 $v_7 = 1.5$ m/s

$$H_{排1}/m = \frac{0.097 + 0.27}{0.6 \times 1.5} = 0.40$$

排水渠起端水深

$$H_{排2} = \sqrt{\frac{2h_k^3}{H_2} + H_2 - \frac{i \cdot l}{3}} - \frac{2i \cdot l}{3} \tag{5.50}$$

$$h_k = \sqrt[3]{\frac{(Q_4 + Q_5)^2}{g \cdot B_2^2}} \tag{5.51}$$

式中　　$H_{排2}$——排水渠起端水深，m；

　　　　h_k——排水渠临界水深，m；

　　　　i——排水渠底坡；

　　　　l——排水渠长度，m。

设计中取排水渠长度等于滤池长度，即 $l = 10.5$ m，排水渠底坡 $i = 0.038$，则

$$h_k/m = \sqrt[3]{\frac{(0.113\,4 + 0.315)^2}{9.8 \times 0.4^2}} = 0.23$$

$$H_{排2}/m = \sqrt{\frac{2 \times 0.23^3}{0.48} + 0.48 - \frac{0.038 \times 10.5}{3}} - \frac{2 \times 0.038 \times 10.5}{3} = 0.36$$

按要求，排水槽堰顶高出石英砂滤料层 0.5 m，则中间渠总高为滤池下清水区的高度＋滤板厚＋滤料层厚＋0.5 m，即 $0.88 + 0.12 + 1.2 + 0.5 = 2.70$ m。

滤池反冲洗废水经处理后进行回收。回收系统设计略。

5.7.7　反冲洗水的供给

根据规范——"V 型滤池宜用水泵反冲洗"，本设计采用水泵供给反冲洗水。

5.7.7.1　水泵流量

气水同时反冲洗时反冲洗水流量 Q'_5 为

$$Q'_5/(m^3 \cdot s^{-1}) = \frac{f' \cdot q'_2}{1\,000} = \frac{4 \times 63}{1\,000} = 0.252(907.2\ m^3/h)$$

单独水反冲洗时流量 Q_5 为

$$Q_5/(m^3 \cdot s^{-1}) = \frac{f' \cdot q_2}{1\,000} = \frac{5 \times 63}{1\,000} = 0.315(1\,134\ m^3/h)$$

水泵应能够满足不同冲洗阶段对冲洗水量的要求，选泵时应二者兼顾。

5.7.7.2　水泵扬程

（1）几何输水高度

反冲洗水泵从清水总管上直接吸水，清水总管的管中心标高为 -1.20 m，排水槽槽顶标高 2.70 m（标高均为相对于滤池间一层地面的标高，一层地面绝对标高为 100.57 m），则 $h_0 = 3.90$ m。

（2）冲洗水箱到滤池配水系统的管路水头损失 Δh_1

反冲洗配水干管用钢管 DN450，管内流速 1.91 m/s，1000i = 10.7，考虑管路最长一座滤池，管长按 60 m 计，则反冲洗配水干管沿程水头损失

$$\Delta h_f/\mathrm{m}=il=0.010\ 7\times60=0.642$$

考虑管路最长一座滤池,主要管配件包括 90°弯头(局部阻力系数 1.01)2 个,闸阀(局部阻力系数 0.07)1 个,等径四通(直流,局部阻力系数 0.2)2 个,等径三通(转弯流,局部阻力系数 1.5)1 个,则反冲洗配水干管局部水头损失 Δh_j 为

$$\Delta h_j/\mathrm{m}=\sum\xi\cdot\frac{v^2}{2g}=(2\times1.01+0.07+2\times0.2+1.5)\times\frac{1.91^2}{2\times9.81}=0.74$$

则冲洗水泵到滤池配水系统的管路水头损失为

$$\Delta h_1/\mathrm{m}=\Delta h_f+\Delta h_j=0.642+0.74=1.38$$

(3)滤池配水系统的水头损失 Δh_2

① 气水分配干渠的水头损失 Δh_{21}

气水分配干渠的水头损失按最不利条件,即气水同时反冲洗时计算。此时渠上部是空气,渠下部是反冲洗水。按矩形暗管(非满流,$n=0.013$)近似计算。

已知 $Q_5'=0.252\ \mathrm{m^3/s}$,$v=1.5\ \mathrm{m/s}$,$b=0.60\ \mathrm{m}$,则

气水分配渠内水面高

$$h/\mathrm{m}=Q_5'/(v\cdot b)=0.252/(1.5\times0.60)=0.28$$

水力半径

$$R/\mathrm{m}=b\cdot h/(2h+b)=0.60\times0.28/(2\times0.38+0.60)=0.14$$

水力坡度

$$i=(nv/R^{\frac{2}{3}})^2=(0.013\times1.5/0.14^{\frac{2}{3}})^2\approx5.231\times10^{-3}$$

所以

$$\Delta h_{21}/\mathrm{m}=i\times L=5.231\times10^{-3}\times10.50=0.055$$

② 气水分配干渠底部配水方孔水头损失 Δh_{22}

气水分配干渠底部配水方孔水头损失按孔口淹没出流公式 $Q=0.8A\sqrt{2gh}$ 计算,其中 Q 为气水同时反冲洗时冲洗水流量 Q_5',A 为配水方孔总面积 A_5'。

已知 $Q_5'=0.252\ \mathrm{m^3/s}$,$A_5'=0.32\ \mathrm{m^2}$,则 Δh_{22} 为

$$\Delta h_{22}/\mathrm{m}=\frac{\left[\dfrac{Q_5'}{(0.8A_5')}\right]^2}{2g}=\frac{\left[\dfrac{0.252}{(0.8\times0.32)}\right]^2}{2\times9.8}=0.049$$

③ 反冲洗经过滤头的水头损失 $\Delta h_{23}=0.20\ \mathrm{m}$。

④ 气水同时通过滤头时增加的水头损失 Δh_{24}

气水同时反冲洗时,气水流量比为 $n=15/4=3.75$。滤帽缝隙总面积与滤池过滤面积之比 β 为 1.3%,长柄滤头中的水流速度 $v/(\mathrm{m\cdot s^{-1}})=\dfrac{Q_5'}{\beta\cdot f}=\dfrac{0.252}{0.013\ 5\times63}=0.30$。

气水同时通过滤头时增加的水头损失 Δh_{24} 为

$$\Delta h_{24}/\mathrm{Pa}=9\ 810\times n\times(0.01-0.01v+0.12v^2)=9810\times3.75\times(0.01-$$
$$0.01\times0.30+0.12\times0.30^2)=655(约0.067\ \mathrm{mH_2O})$$

则滤池配水系统的水头损失 Δh_2 为

$$\Delta h_3/\mathrm{m}=\Delta h_{21}+\Delta h_{22}+\Delta h_{23}+\Delta h_{24}=0.055+0.049+0.20+0.067=0.37$$

（4）承托层水头损失 Δh_3

该值取 0.02 m。

（5）砂滤层水头损失 Δh_4

滤料为石英砂，容重 $r_1 = 2\,650$ kg/m³，水的容重 $r_0 = 1\,000$ kg/m³，石英砂滤料膨胀前的孔隙率 $m_0 = 0.45$，滤料层膨胀前的厚度 $H_4 = 1.20$ m，则滤料层水头损失

$$\Delta h_4/\text{m} = (r_1/r_0 - 1)(1 - m_0)H_4 = (2\,650/1\,000 - 1) \times (1 - 0.45) \times 1.20 = 1.09$$

（6）富余水头 Δh_5

该值取 1.50 m，则反冲洗水泵所需最小扬程 H_p 为

$$H_p/\text{m} = H_0 + \Delta h_1 + \Delta h_2 + \Delta h_3 + \Delta h_4 + \Delta h_5 =$$
$$3.90 + 1.38 + 0.37 + 0.02 + 1.09 + 1.50 = 8.26$$

5.7.7.3　水泵的选择与布置

选三台 300S12 型单级双吸离心泵，两用一备。300S12A 水泵，流量为 515 ～ 675 m³/h，扬程为 11.5 ～ 9.7 m，转速 1450 r/min，效率为 73% ～ 78%，配套电机 Y200L—4，功率为 30 kW。

水泵具体尺寸见表 5.1。

表 5.1　水泵安装尺寸及进出口法兰尺寸　　　　　　　　　　单位:mm

水泵型号	L	L_1	L_2	L_4	b	b_1
300S12A	1 789	1 520	280	775	730	730
水泵型号	E	DN_1	DN_2	H_1	H_2	H_3
300S58	300	300	300	510	265	265

该水泵带底座，那么

$$L/\text{mm} = \text{地脚螺栓间距} + (200 \sim 300) = 1\,520 + 280 = 1\,800$$
$$B/\text{mm} = \text{地脚螺栓间距} + 300 = 730 + 300 = 1\,030$$
$$H/\text{mm} = \text{底盘地脚螺栓埋入长度} + (100 \sim 150) = 700 + 150 = 850$$

根据水泵布置原则，基础间距取 2.1 m，水泵距墙 > 0.8 m。

泵轴标高为 0.725 m，吸水管和压水管中心标高均为 0.48 m，水泵基础顶面标高为 $0.725 - H_1 = 0.215$ m。

吸水管路选择 DN350 钢管，$v = 1.58$ m/s，选用 D971X 型电动蝶阀，$L = 78$ mm，偏心渐缩管 DN350/300，$L = 150$ mm。压水管路选择 DN300 钢管，$v = 2.16$ m/s，与水泵出口锥管管径相同，故不需渐扩管。选用 D971X 型电动蝶阀，$L = 78$ mm，HH49X—10 型微阻缓闭消声蝶式止回阀，$L = 270$ mm。

反冲洗水泵房与滤池合建，位于净水间内滤池一侧，平面尺寸为

$$L \times B = 16.1 \text{ m} \times 6.6 \text{ m}$$

5.7.8　反冲洗空气的供给

5.7.8.1　长柄滤头的气压损失 ΔP_1

已知气水同时反冲洗时反冲洗空气流量 $Q_6 = 0.94$ m³/s，每座滤池安装长柄滤头个

数 $n = 3\,360$ 个,则每个滤头的通气量(L/s)为

$$\frac{0.94}{3\,360} \times 1\,000 = 0.28$$

根据产品数据,在该气体流量下最大压力损失为

$$\Delta P_1 = 4\,000 \text{ Pa}(4 \text{ kPa})$$

5.7.8.2　气水分配渠配气小孔的气压损失 ΔP_2

反冲洗时空气通过配气小孔的流速 $v_6 = 8.44$ m/s,小孔总面积 $A_6 = 0.13$ m²,空气流量 $Q_6 = 0.112$ m³/s,压力损失为

$$Q = 3\,600\mu A \sqrt{2g\frac{\Delta P}{\gamma}} \tag{5.52}$$

式中　μ——孔口流量系数,取 0.6;

　　　A——孔口面积,m²;

　　　ΔP——压力损失,mmH₂O;

　　　g——重力加速度,$g = 9.8$ m²/s;

　　　Q——气体流量,m³/h;

　　　γ——水的相对密度,$\gamma = 1$。

则气水分配渠配气小孔的压力损失

$$\Delta P_2 = 12.46 \text{ mmH}_2\text{O}(0.12 \text{ kPa})$$

$$\Delta P_2/\text{mmH}_2\text{O} = \frac{\gamma Q_6^2}{2 \times 3\,600^2 g\mu^2 A_6^2} = \frac{1 \times 535.51^2}{2 \times 3\,600^2 \times 9.8 \times 0.6^2 \times 0.002\,8^2} = 12.46(0.12 \text{ kPa})$$

5.7.8.3　配气管道的总压力损失 ΔP_3

(1)配气管道的沿程压力损失

反冲洗空气流量 0.94 m³/s,根据手册,配气干管中空气流速采用 $10 \sim 15$ m/s,配气干管用 DN350 钢管,流速 10.05 m/s,考虑管路最长一座滤池,管长按 60 m 计。

反冲洗管道内的空气压力为

$$P_{气压} = (1.5 + H_{气压}) \times 9.8 \tag{5.53}$$

式中　$P_{气压}$——空气压力,kPa;

　　　$H_{气压}$——长柄滤头距反冲洗水面的高度,m。

已知 $H_{气压} = 1.6$ m,则反冲洗时空气管内的气体压力

$$P_{空气}/\text{kPa} = (1.5 + H_{气压}) \times 9.8 = (1.5 + 1.6) \times 9.8 = 30.38$$

空气温度按 30 ℃考虑,查表空气管道的摩阻为 2.548 kPa/1 000 m,则配气管道沿程压力损失为

$$\Delta P_{31}/\text{kPa} = 2.58 \times 60/1\,000 = 0.15$$

(2)配气管道的局部压力损失

考虑管路最长一座滤池,主要管配件包括 90°弯头(长度换算系数 0.7)3 个,闸阀(长度换算系数 0.25)3 个,三通(长度换算系数 1.33)4 个,则

$$\sum K = 3 \times 0.7 + 3 \times 0.25 + 4 \times 1.33 = 8.17$$

当量长度换算公式为

$$l_0 = 55.5KD^{1.2} \tag{5.54}$$

式中　l_0——管道当量长度，m；

　　　D——管径，m；

　　　K——长度换算系数。

管配件换算长度为

$$l_0/\text{m} = 55.5 \times 8.17 \times 0.5^{1.2} = 113$$

局部压力损失为

$$\Delta P_{32}/\text{kPa} = 2.54 \times 113/1\,000 = 0.29$$

配气管道的总压力损失为

$$\Delta P_3/\text{kPa} = \Delta P_{31} + \Delta P_{32} = 0.15 + 0.29 = 0.44$$

5.7.8.4　气水冲洗室中的冲洗水压 P_4

$$P_4/\text{kPa} = (\Delta h_{23} + \Delta h_{24} + \Delta h_3 + \Delta h_4 + \Delta h_5) \times 9.81 = (0.20 + 0.067 + 0.02 + 1.09 + 1.5) \times 9.81 = 28.22$$

本系统采用气水同时反冲洗，对气压要求最不利情况发生在气水同时反冲洗时。此时要求鼓风机的静压计算式为

$$P = \Delta P_1 + \Delta P_1 + \Delta P_3 + P_4 + P_5 \tag{5.55}$$

式中　ΔP_1——长柄滤头的气压损失，kPa；

　　　ΔP_1——气水分配渠配气小孔的气压损失，kPa；

　　　ΔP_3——配气管道的总压力损失，kPa；

　　　P_4——气水室中冲洗水压力，kPa；

　　　P_5——富余压力，取 5.22 kPa。

所以，要求鼓风机出口静压力为

$$P/\text{kPa} = 4.0 + 0.12 + 0.44 + 28.22 + 4.9 = 38.00$$

风量 $Q_6 = 0.94$ m³/s $= 56.4$ m³/min，因此选用 JAS－145 罗茨鼓风机三台，两用一备。风机风量为 25.80 m³/min，工作压力为 49.0 kPa，配套电机为 Y200L1－6，功率 18.5 kW，电机级数为 4，机组最大质量 1 100 kg。它集风机、电机、过滤器、进出口消声器、弹性接头、安全阀、止回阀、压力计于一体，并可配置 PLC 信号接口、智能监控仪、隔声罩。

根据手册，输气管高于滤池正常过滤时液面，以防止水倒灌。水平管段采用 0.003 的坡度，其最低点处设凝结水排除阀，输气管上设流量计。进气控制阀至配气配水渠端壁间的进气管段上接放气支管，管径为进气管管径的 1/4～1/3，即为 DN100，管上设电磁阀。鼓风机房也与滤池合建，位于净水间内滤池一侧（与反冲洗泵房同侧），平面尺寸为 $L \times B = 11.3$ m $\times 6.6$ m。详见 V 型滤池工艺图。

5.8　加氯间设计

给水处理中的消毒，可根据原水水质和处理工艺，采用滤前或滤后消毒。采用滤前消

毒可延长氯的接触时间,有利于杀死水中的微生物,防止藻类生长,清洁滤砂和降低水的色度等,但氯耗将有所增加,且当水中有机物含量高时,将使水中的三氯甲烷的量增加,因此一般采用单独滤后消毒,也有两次消毒的。

通过滤后消毒,生活饮用水的细菌含量和余氯量应符合《生活饮用水卫生标准(GB5749—2006)》的规定。

5.8.1　加氯点的选择

本设计选用滤后加氯的消毒方式,加氯点位于清水池进口处。

5.8.2　加氯量的计算

滤后消毒的加氯点选在清水池前,最大投氯量 1.0 mg/L。

加氯量为

$$q = bQ \tag{5.56}$$

式中　q—— 每天的投氯量,g/d;

　　　b—— 加氯量,mg/L,取 1.0 mg/L;

　　　Q—— 设计水量,m^3/h。

则

$$q/(g \cdot d^{-1}) = 1.0 \times 74\ 725 = 74\ 725(75\ kg/d)$$

5.8.3　加氯设备的选择

加氯设备包括自动加氯机、氯瓶和自动监测与控制装置等。

5.8.3.1　自动加氯机选择

加氯机用以保证消毒安全,计量准确。根据加氯量选用 JK－2 型加氯机三台,两用一备。JK－2 型加氯机加氯量为 2.0 kg/h,进水压力＞0.25 MPa,背压力＜0.05 MPa,进出水管直径为 20 mm,外形尺寸为长×宽×高＝277 mm×220 mm×145 mm。加氯机安装在墙上,加氯机间的净距 0.8 m,安装高度高出地面 0.8 m。

自动加氯机工作示意图如图 5.6 所示。

5.8.3.2　氯瓶

采用容量为 500 kg 的氯瓶,尺寸为:外径×瓶高＝600 mm×1 800 mm,瓶自重 400 kg,公称压力 2 MPa。氯瓶采用 2 组,每组 5 个,一组使用,一组备用,每组使用周期约 33 d。

5.8.4　加氯间和氯库的布置

加氯间及氯库布置原则:

(1)氯间一般应靠近投加地点;

(2)加氯量大的加氯间,氯瓶和加氯机应考虑分隔,加氯间必须与其他工作间分开;

(3)加氯间的管线不易露出地面,应敷设在沟槽中;

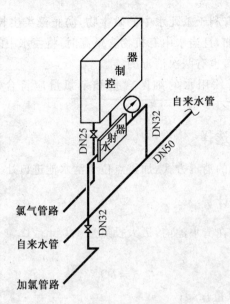

图 5.6　加氯机管路连接示意图

（4）加氯管材的要求：氯气管使用紫铜管或无缝钢管。配制成一定浓度的氯使用橡胶管或塑料管。给水管使用镀锌钢管；

（5）应设有磅秤作为校核设备，磅秤面宜与地面相平，便于放置氯瓶；

（6）加氯设备应保证不间断工作，并根据具体情况考虑设置备用数量，一般不少于两套；

（7）通向加氯间的压水管道应保证不间断供水，并尽量保持管道内水压的稳定。

5.8.4.1　氯库

氯瓶分两排布置，考虑人员通行、搬运和氯瓶间距等因素确定氯库尺寸为 $L \times B = 10.3 \text{ m} \times 9.5 \text{ m}$ 排水沟（$B \times H = 0.2 \text{ m} \times 0.5 \text{ m}$）。

漏氯吸收采用 LX－50 型氯吸收装置，吸收能力为 50 kg/h，总有效吸收量为 125 kg/h，碱液起始质量分数为 20%，终了质量分数为 6%，碱液更换质量分数为 11.6%。安装尺寸见表 5.2。

表 5.2　LX－50 型氯吸收装置规格及性能

槽宽 B_1 /m	槽厚 /m	槽高 /m	塔高 /m	设备总宽 /m	设备总厚 /m	设备总高 /m
1.80	0.80	1.00	1.00	1.80	1.00	2.00

氯库设 BDL－1 型氯气报警仪，检测空气中氯气浓度，氯气浓度达到设定限度时即可报警，并自动启动安全保护设备，可同时对室内多点检测（检测路数多达 3～5 路），并可远距离遥控报警，外形尺寸（长×宽×高＝582 mm×345 mm×175 mm）。参考大连市沙河口水厂运行经验，当氯气浓度低于 1 μg/g 时，启动风机；当氯气浓度超过 1 μg/g 时，启动漏氯吸收装置。

5.8.4.2　加氯间布置

加氯间与氯库合建，用墙隔开，有门相通，加氯间（含值班室）尺寸 $L \times B = 7.6 \text{ m} \times$

6.3 m。加氯间与氯库布置草图如图 5.7 所示。

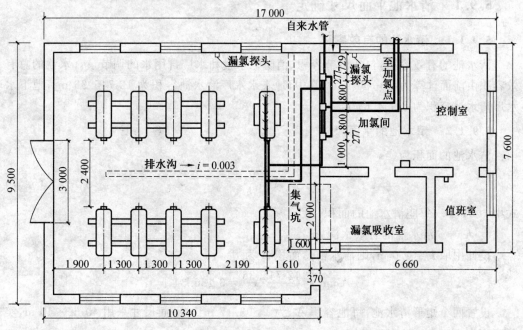

图 5.7　加氯间与氯库的平面布置草图

加氯间与氯库的平面布置及工艺流程详见加氯间工艺流程图。

5.8.5　辅助设备

5.8.5.1　起重设备

设备最大质量为 900 kg,选用 CD_1 型电动葫芦,型号为 $CD_1 1-6D$,起重量 1 t,起升高度 6 m,起升速度 8 m/min,主起升电动型号为 $ZD_1 22-4$,运行电动机型号为 $ZDY_1 11-4$,工字钢型号为 16 — 28b GB 706 — 65。

5.8.5.2　通风设备

氯库内设置每小时换气 12 次的通风设备。加氯间尺寸 $L \times B \times H = 9.6$ m $\times 8.6$ m $\times 5.0$ m,则排风量为:$9.6 \times 8.6 \times 5.0 \times 12 = 4\,953.6$ m³/h。

选用 BT35 — 11 型玻璃钢轴流风机两台,装于房间下部(氯气重于空气),一用一备,风机叶轮中心高于地面 0.50 m。

风机性能参数:流量 6 316 m³/h,叶轮直径 400 mm,叶轮周速 60.7 m/s,主轴转速 2 900 r/min,叶片安装角度 20°,配套电机 YSF — 8022,功率 1.10 kW。

5.9　清水池设计

经过处理后的水进入清水池,清水池可以调节水量的变化并贮存消防用水。此外,在清水池内有利于消毒剂与水充分接触反应,提高消毒效果。

5.9.1　清水池平面尺寸确定

5.9.1.1　清水池的有效容积

清水池的有效容积,包括调节容积、消防贮水量和水厂自用水的调节量。水池的总有效容积由前面计算为 21 700 m³。其中,地表水水厂清水池容积为 12 745.36 m³,地下水水厂清水池容积为 8 954.64 m³。

5.9.1.2　清水池的平面尺寸

清水池的面积为

$$A = \frac{V_1}{h} \qquad\qquad (5.57)$$

式中　　A——每座清水池的面积,m²;

　　　　h——清水池的有效水深,m。

设计中取 $h = 4.0$ m,则清水池总面积 A 为

$$A/\mathrm{m}^2 = \frac{12\ 745.36}{4} = 3\ 186.34$$

设置两个矩形清水池,每池容积 A_1 为 1 593.17 m³。平面尺寸采用 40 m×40 m,实际容积为 1 600×4 = 6 400 m³。

清水池超高 h_1 取 0.5 m,清水池总高 H 为

$$H/\mathrm{m} = h_1 + h = 4.0 + 0.5 = 4.5$$

5.9.2　配管及布置

5.9.2.1　进水管

流量不含水厂自用水量(由于水厂主要自用水为滤池反冲洗以及沉淀池排泥用水,这两项在进入清水池前已直接从管道上抽取,其他部分水厂自用水忽略不计),$Q = 2\ 965.2$ m³/h = 0.824 m³/s,每池设一根进水管,共 2 根。管径 DN700,流速 $v = 1.07$ m/s。

5.9.2.2　出水管

流量按最高日最高时计算 $Q = 4\ 058.68$ m³/h(1.127 m³/s)。每池设一根出水管至二泵站吸水井。管径 DN800,流速 $v = 1.11$ m/s。

5.9.2.3　溢流管

溢流管是保证清水池安全运行的措施,当清水池蓄满而进水流量大于出水流量时,多余流量由溢流管泄出,进入水厂下水道系统,以防止顶板承受托力。为了保证溢流畅通,管径采用 DN800,管上不安装阀门,溢流管出口设置网罩。

清水池需要放空时,将潜水泵置于水池内,不设放空管。

5.9.3　清水池的布置

5.9.3.1　集水坑

出水管从集水坑出水至二泵站吸水井,落差取 1.0 m。

5.9.3.2　导流墙

在清水池内设导流墙,以消除死角,保证氯和水体的接触时间,提高消毒效率以及保护水质。每座清水池内设导流墙 3 条,间距 10.0 m,将清水池分成 4 格。导流墙的作用是促进新旧水的交替,消除死角,避免短流,加强氯和水的混合,提高消毒效率,保证水质,导流墙的材料要求防腐。

清水池的消毒时间必须不小于 30 min,导流墙设为四道。核算清水池中水的消毒时间:加设导流墙后,每两道墙间过水断面面积为

$$\omega/\mathrm{m}^2 = 10 \times 4.00 = 40.0$$

清水池中水的流速为

$$v/(\mathrm{m} \cdot \mathrm{h}^{-1}) = \frac{Q}{\omega} = \frac{1\,556.8}{40.0} = 38.92$$

则消毒时间为

$$T/\mathrm{h} = \frac{l}{v} = \frac{40}{38.92} = 1.03 > 0.5$$

所以满足要求。

导流墙底部每隔一段距离开一个清洗用排水孔,尺寸为 100 mm×200 mm。使清水池清洗时排水方便。

5.9.3.3　通风管

为使清水池内水面上部积聚的空气散出,清水池顶设通风管,管径 DN300,管顶高出池顶覆土厚度 ±700 mm,气孔上设防护罩。

5.9.3.4　人孔

为了检修方便,应设置检修孔,孔的尺寸应满足池内管件的进出及人的出入,人孔设在溢流管和进水管处,便于管道的安装和水池的维护。每池设人孔 3 个,直径采用 1 500 mm。

另外还有扶梯及标杆水位尺等附属设备。清水池布置如图 5.8 所示。详见清水池工艺图。

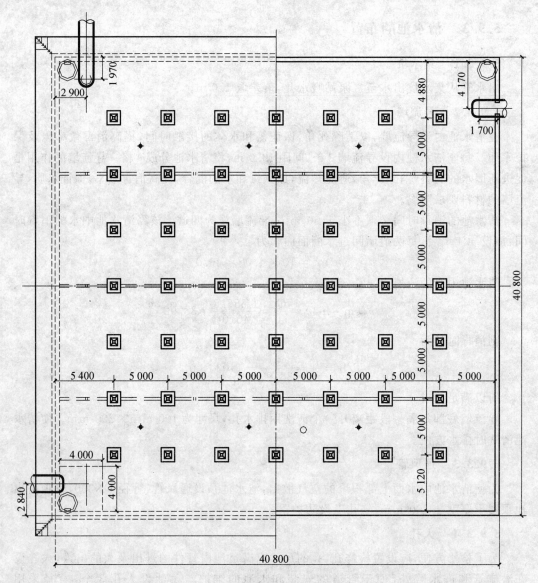

图 5.8　清水池平面布置草图

5.10　水厂平面与高程布置

水厂的基本组成分为两部分：

（1）生产构筑物和建筑物

包括絮凝沉淀池、滤池等处理构筑物和清水池、二级泵站、加药间、加氯间等；

（2）辅助构筑物和建筑物

包括生产辅助构筑物（化验室、修理部门、仓库、值班宿舍等）和生活辅助建筑物（办公楼、食堂、职工宿舍等）。

设计中在确定各构筑物和建筑物尺寸后,应进行合理地组合和布置,以满足工艺流程、操作联系、生产管理和物料运输等方面的要求。

5.10.1 水厂平面布置

水厂平面主要内容有:各种构筑物和建筑物的平面定位;各种管道、阀门及管道配件的布置;排水管(渠)及窨井布置;道路、围墙、绿化及供电线路的布置等。

水厂平面布置时,应考虑下述几点要求:

(1) 布置紧凑,以减少水厂占地面积和连接管的长度,并便于操作管理。如沉淀池或澄清池应紧靠滤池;二级泵房尽量靠近清水池。但各构筑物之间应留出必要的施工和检修间距以及管道地位。

(2) 充分利用地形,力求挖填土方平衡以减少填、挖土方量和施工费用。

(3) 各构筑物之间连接管应简单、短捷,尽量避免立体交叉,并考虑施工,检修方便。此外,有时也需设置必要的超越管道,以便某一构筑物停产检修时,保证必须供应的水量采取应急措施。

(4) 建筑物布置应注意朝向和风向。如加氯间和氯库应尽量设置在水厂主导风向的下风向;泵房及其他建筑物尽量布置成南北向。

(5) 有条件时最好把生产区和生活区分开,尽量避免非生产人员在生产区通行和逗留,以确保生产安全。

(6) 对分期建造的工程,既要考虑近期的完整性,又要考虑远期工程建成后整体布局的合理性,还应考虑分期施工方便。

水处理构筑物按工艺流程呈直线布置,整齐,紧凑。水厂平面布置草图如图 5.9 所示。详见水厂平面与高程布置图。

5.10.2 水厂高程布置

在处理工艺流程中,各构筑物之间的水流应为重力流,两构筑物之间的水面高差即为流程中的水头损失,包括构筑物本身、连接管道、计量设备等水头损失在内。水头损失应通过计算确定,并留有余地,当各项水头损失确定之后,便可进行构筑物高程布置。

根据《给水排水设计手册(第二版)》,水厂内各构筑物间的连接管路内设计流速如表5.3 要求:

表 5.3 连接管中的设计流速

连接管段	设计流速 /(m·s⁻¹)	备 注
一级泵房至混合池	$1.0 \sim 1.2$	
混合池至絮凝池	$1.0 \sim 1.5$	
絮凝池至沉淀池	$0.10 \sim 0.15$	防止絮粒破坏
沉淀池至滤池	$0.6 \sim 1.0$	流速宜取下限留有余地
滤池冲洗水的压力管道	$0.8 \sim 1.2$	流速宜取下限留有余地
排水管道(排除冲洗水)	$2.0 \sim 2.5$	因间隙作用,流速可大些

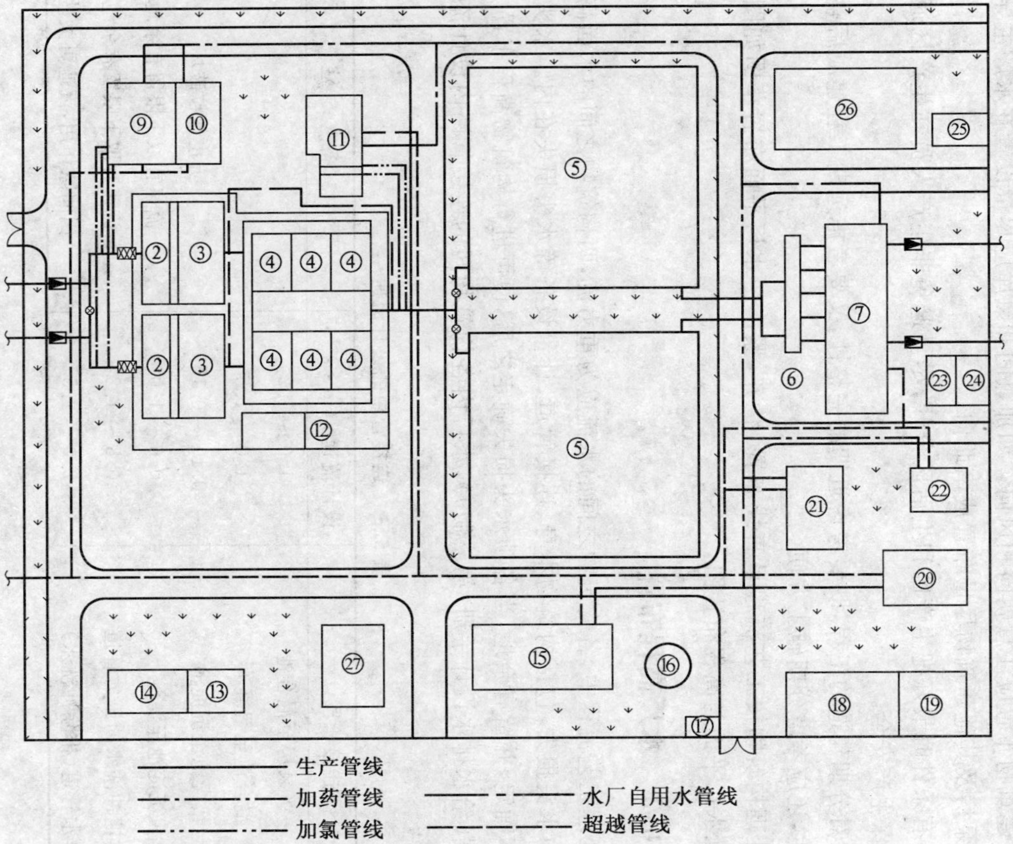

构建筑物一览表

编号	名　称	规　格	数量	单位	备　注
1	管式静态混合器	DN700	2	个	
2	网格絮凝池	9.8 m×7.1 m	4	座	两座为一组
3	斜管沉淀池	19.7 m×9.3 m	2	座	两座为一组
4	V型滤池	7.0 m×10.5 m	6	座	三座为一组
5	清水池	40.8 m×40.8 m	2	座	
6	吸水井	21.5 m×2.9 m	1	座	
7	二泵站	34.5 m×11.0 m	1	座	
8	流量计	电磁流量计	2	个	
9	加药间和药库	20.0 m×15.0 m	1	个	
10	化验间	15.0 m×8.0 m	2	个	液氯消毒
11	加气间和氯库	—	2	个	
12	冲洗泵房和鼓风机房	10.0 m×8.0 m	1	个	
13	管件堆放场	4.0 m×8.0 m	1	个	
14	晒沙场	25.0 m×12.0 m	1	个	
15	综合楼	R=4.0 m	1	个	含控制中心等
16	花坛	6.0 m×4.0 m	1	个	
17	传达室	20.0 m×15.0 m	1	个	
18	车库	15.0 m×12.0 m	1	个	
19	仓库	15.0 m×10.0 m	1	个	
20	职工宿舍	15.0 m×10.0 m	1	个	
21	食堂	10.0 m×8.0 m	1	个	
22	浴室和锅炉室	9.0 m×5.0 m	1	个	
23	泥木工间	9.0 m×6.0 m	1	个	
24	水表修理间	10.0 m×6.0 m	1	个	
25	变电所	25.0 m×15.0 m	1	个	
26	运动场	15.0 m×10.0 m	1	个	
27	机修间		1	个	

图5.9　水厂平面布置草图

　　根据流速要求选择合适管径,进行如下水力计算:

　　(1) 清水池

　　取清水池最高水位与地面标高相同,则清水池中最高水位标高为 101.22 m,池面超高 0.5 m,则池顶面标高为 101.72 m(包括顶盖厚 200 mm),有效水深 4.0 m,则水池底部标高为 97.22 m。

　　(2) 吸水井

　　清水池到吸水井的管线长 15 m,最大时流量 $Q=1\,127$ L/s,设两根管,每根 563 L/s,管径 DN800,水力坡度 $i=1.83$,$v=1.11$ m/s,沿线设有两个闸阀,进口、出口和局部阻力系数分别为 0.06、1.0、1.0,则管线中水头损失为

$$h = il + \sum \xi \cdot \frac{v^2}{2g} \tag{5.58}$$

式中　　h—— 吸水井到清水池管线的水头损失,m;

　　　　i—— 水力坡度,‰;

　　　　l—— 管线长度,m;

　　　　$\sum \xi$—— 管线上局部阻力系数值之和;

　　　　v—— 流速,m/s;

　　　　g—— 重力加速度,m/s。

　　设计中,$v=1.11$ m/s,$i=1.83$,则水头损失 h 为

$$h/\text{m} = \frac{1.83}{1\,000} \times 15 + (0.06 + 0.06 + 1.0 + 1.0) \times \frac{1.11^2}{2 \times 9.8} = 0.16$$

　　设计取 0.20 m,因此,吸水井水面标高为 101.02 m,加上超高 0.3 m,吸水井顶面标高为 101.32 m。

　　(3) 滤池

　　滤池出水管为一根 DN1000 的铸铁管,$v_1=1.10$ m/s,$1000i_1=1.32$,长为 15 m。接入清水池的铸铁管为 DN700,长为 40 m,设两根管,总流量为 865 L/s,管中流速 $v_2=1.12$ m/s,$1000i_2=2.17$,沿线设有两个闸阀,进口、出口和局部阻力系数分别是 0.06、1.0、1.0,三通和弯头的局部阻力系数分别为 1.5、1.02。

　　沿程水头损失 h_1 为

$$h_1/\text{m} = i_1 l_1 + i_2 l_2 = \frac{15}{1\,000} \times 1.32 + \frac{10}{1\,000} \times 2.17 = 0.041\,5$$

　　局部水头损失 h_f 为

$$h_f/\text{m} = \sum \xi_i \cdot \frac{v_i^2}{2g} = (1 + 1.5) \times \frac{1.10^2}{2 \times 9.8} + (1.02 + 1 + 0.06) \times \frac{1.12^2}{2 \times 9.8} = 0.29$$

　　则滤池到清水池的总水头损失为 $h=0.041\,5+0.29=0.33$ m,考虑淤积和扩建的可能性,设计中取 0.50 m。

　　则滤池出水渠液面标高为 $101.22+0.50=101.72$ m,水封井至出水渠跌水高度为 0.25 m,则水封井液面标高为 101.97 m。

　　滤池最大作用水头为 2.0 m。则滤池内液面标高为 $101.97+2.0=103.97$ m。

滤池进水系统水头损失为 0.15 m,则滤池进水渠内液面标高为 103.97 ＋ 0.15 ＝ 104.12 m。

（4）反应沉淀池

沉淀池到滤池管长 $L＝4$ m,DN700,$v＝1.12$ m/s,$1000i＝2.17$,局部阻力有两个闸阀,进口、出口阻力系数分别为 0.06、1.0。

$$h＝il＋\sum \xi \cdot \frac{v^2}{2g} \tag{5.58}$$

式中　　h—— 沉淀池到滤池管线的水头损失,m；

　　　　i—— 水力坡度,‰；

　　　　l—— 管线长度,m；

　　　　$\sum \xi$—— 管线上局部阻力系数值之和；

　　　　v—— 流速,m/s；

　　　　g—— 重力加速度,m/s。

设计中,$v＝1.12$ m/s,$1000i＝2.17$,则损失为

$$h/m＝\frac{2.17}{1\,000}×4＋(0.06＋0.06＋1.0＋1.0)×\frac{1.12^2}{2×9.8}＝0.16$$

设计中取 $h＝0.20$ m。则沉淀池集水总渠的水位标高为 $104.12＋0.20＝104.32$ m。沉淀池内水头损失取 0.2 m,沉淀池水面标高为 $104.32＋0.20＝104.52$ m。

反应池与沉淀池连接渠水面标高 /m＝沉淀池水面标高 ＋

　　　　　　　　沉淀池配水穿孔墙的水头损失 ＝

　　　　　　　　$104.52＋0.05＝104.57$

反应池水面标高 /m＝沉淀池与反应池连接渠水面标高 ＋反应池的水头损失 ＝

　　　　　　　　$104.57＋0.19＝104.76$

5.11　本章小结

本章完成了净水厂内主要构筑物的设计计算以及水厂平面与高程的布置。首先根据原始资料选定净水厂厂址和工艺流程；然后依次对加药间、网格絮凝池、斜管沉淀池、V 型滤池、加氯间、清水池进行设计计算；最后,对各构筑物进行平面位置和高程的布置,从而完成了净水厂的设计工作。

第6章 地表水二泵站设计

6.1 工作制度确定

二级泵站又叫送水泵站，其任务是将清水池的水送至城市管网，供居民和企业使用。送水泵站一般为二级或三级工作，在拟定工作制度时，需考虑：

（1）泵站分级供水量应尽量接近用水曲线；

（2）分级供水考虑选取合适的水泵，以及水泵机组的合理搭配，并尽可能满足目前和今后一段时间内用水量增长的需要。

由于没有水塔（高位水池），二泵站每级的设计工况应基本满足该级最大时的工况。结合本设计最高日用水变化曲线，二泵站拟分为三级工作：

一级工作：供水时间：6：00～14：00，共计 8 个小时；每小时水量占全天用水量的5.32%，设计工作流量为 3 786 m³/h，即 1 051.7 L/s；

二级工作：供水时间：14：00～20：00，共计 6 个小时；每小时水量占全天用水量的4.41%，设计工作流量为 3 138 m³/h，即 871.8 L/s；

三级工作：供水时间：20：00～6：00，共计 10 个小时；每小时水量占全天用水量的3.10%，设计工作流量为 2 205 m³/h，即 612.42 L/s。

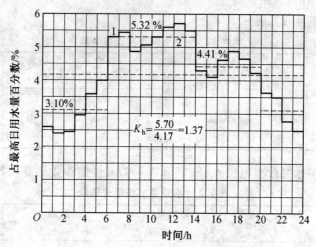

图 6.1　地表水二泵站设计供水线

1—用水量变化曲线；2—二级泵站设计供水线

6.2　水泵的选取

6.2.1　扬程的确定

扬程为

$$H = H_{ss} + H_{sd} + \sum h + \sum h_{泵站内} + H_{安全} =$$
$$Z_c + Z_d + H_0 + \sum h + \sum h_{泵站内} + H_{安全} \tag{6.1}$$

式中　Z_c——泵站地面至设计最不利点地面高差，$Z_c/m = 104.89 - 101.24 = 3.65$；

　　　Z_d——吸水井最低水位与地面高差，4.2 m（清水池有效水深 4.00 m，清水池至集水井水头损失 0.2 m）；

　　　H_0——自由水压，28 m（节点 6、16 层）；

　　　$\sum h$——管网水头损失，12.38 m；

　　　$\sum h_{泵站内}$——泵站内水头损失，取 2.0 m；

　　　$H_{安全}$——安全水头，取 1.5 m。

则　　　　　$H/m = 3.65 + 4.2 + 28 + 12.38 + 2.0 + 1.5 = 51.73$

6.2.2　初选水泵和电机

根据各级的扬程和流量，选定 300S58 型水泵五台，一级工作时四用一备，二级工作时三用二备，三级工作时二用三备。

（1）水泵性能参数见表 6.1。

表 6.1　300S58 型水泵性能参数表

型号	流量 Q /(m³·h⁻¹)	扬程 H /m	转速 n /(r·min⁻¹)	轴功率 /kW	效率 η /%	气蚀余量 (NPSH)r/m	吸上高度 H_s/m	质量 W /kg
300S58	576	65		136	74			
	790	58	1 450	148.5	84	4.4	5.2	810
	972	50		165.5	88			

（2）300S58 型水泵配套电机为 JS2355M2−4，其性能参数见表 6.2。

表 6.2　水泵电机性能参数表

电机型号	额定电压 V /V	额定功率 N /kW	转速 n /(r·min⁻¹)	重量 W /kg
JS2355M2−4	380	190	1 470	1 090

（3）水泵的外形尺寸见表 6.3。

表 6.3　水泵外形尺寸表　　　　　　　　　　单位:mm

L	L_1	L_2	L_3	B	B_1	B_2
1 073	588	510	450	1 070	530	620
B_3	H	H_1	H_2	H_3	$n-\varphi d$	—
550	855	510	250	310	4—42	—

(4) 进口法兰、出口法兰及出口锥管法兰尺寸见表 6.4。

表 6.4　水泵法兰及锥管尺寸表　　　　　　　　单位:mm

水泵型号	进口法兰尺寸			
300S58	DN_1	D_{01}	D_1	$n_1-\varphi d_1$
	300	400	440	12—23
水泵型号	出口法兰尺寸			
300S58	DN_1	D_{02}	D_1	$n_2-\varphi d_2$
	250	350	390	12—23

(5) 300S58 型水泵(不带底座)安装尺寸见表 6.5。

表 6.5　300S58 型水泵(不带底座)安装尺寸表　　　单位:mm

型号	电动机尺寸						E
	L_1	H	h	B	A	$n-\varphi d$	
300S58	1 260	355	850	560	610	4—30	300
型号			出口锥管法兰尺寸				
	L	L_2	DN_3	D_{03}	D_3	$n_3-\varphi d_3$	—
300S58	2337	791	300	400	440	12—23	—

6.2.3　水泵工况点的确定

6.2.3.1　泵特性曲线的绘制

根据所选水泵,查《给水排水设计手册(第二版)》第十一册,利用 Excel 绘制水泵特性曲线,见附录 21。

6.2.3.2　管道特性曲线的绘制

管道特性曲线方程为

$$H = H_{st} + \sum h = H_{st} + SQ^2 \tag{6.2}$$

式中　　H_{st}——最高时水泵的净扬程,m;

$\sum h$——水头损失总和,m;

S——沿程摩阻与局部阻力之和的系数;

Q—— 最高时水泵流量，m^3/h。

由于 $Q = 4\,055\ m^3/h(1.127 m^3/s)$ 时，$H = 51.73\ m$，对应的 $\sum h = 14.38\ m$，代入上式，得 $S = 8.75 \times 10^{-7}\ s^2 \cdot m^{-5}$。

所以管路特性曲线即为

$$H = H_{st} + SQ^2 = 37.35 + 8.75 \times 10^{-7}Q^2$$

可由此方程绘制出管路特性曲线，与上面绘制的水泵特性曲线相交（见附录21）。

6.2.3.3　工况点确定

由管道特性曲线方程和水泵特性曲线方程的交点可得出工况点：一级工作时，4 台水泵并联，工况点 L 为（$3\,801\ m^3/h$,51.9 m），单台水泵工况点为（$950\ m^3/h$,51.9 m）；二级工作时，3 台水泵并联，工况点 M 为（$3\,144\ m^3/h$,46.8 m），单台水泵工况点为（$1\,050\ m^3/h$,46.8 m）；三级工作时，2 台水泵并联，工况点 N 为（$2\,228\ m^3/h$,42.2 m），单台泵工况点为（$1\,120\ m^3/h$,42.0 m），都在水泵工作高效区内（水泵效率曲线见附录22）。

所以选定：

一级工作时，选 300S58B 型水泵 3 台并联工作供水；

二级工作时，选 300S58B 型水泵 3 台并联工作供水；

二级工作时，选 300S58B 型水泵 2 台并联工作供水。

6.2.4　消防校核

消防时水量：由 3.5.1 得消防时水量为 1 404.86 L/s（5 057.496 m^3/h）。

消防时扬程：由 2.6.1 所得消防时所需扬程为 32.87 m。

由水泵特性曲线得流量为 5 057.496 m^3/h 时，水泵实际扬程为 33.50 m，所选水泵符合要求。

6.3　水泵间布置

6.3.1　水泵基础设计

由水泵安装尺寸及电机尺寸表可确定水泵基础如下：

基础长度

$$L_j/mm = 地脚螺栓间距 + (400 \sim 500) = B + L_2 + L_3 + (400 \sim 500) =$$
$$510 + 450 + 1\,070 + 470 = 2\,500$$

基础宽度

$$B_j/mm = 地脚螺栓间距 + (400 \sim 500) = B_3 + (400 \sim 500) =$$
$$610 + 490 = 1\,100$$

基础高度为

$$H_j = \frac{(2.5 \sim 4.0)W}{L_j \times B_j \times \gamma} \tag{6.3}$$

式中　　γ——基础材料容重,采用混凝土,$\gamma = 2\ 400\ \text{kg/m}^3$;

　　　　W——机组总重量,电机重量加水泵重量。

则　　　$H_j/\text{m} = 3.0 \times (1\ 090 + 810)/(2.5 \times 1.1 \times 2\ 400) = 0.86(取\ 0.90\ \text{m})$

6.3.2　水泵平面布置

5 台泵采用单排顺列式,泵房布置如图 6.2 所示。详见二泵站工艺图。

泵房长度

$$L/\text{m} = 基础长度 + 基础间距 + 基础距墙距离 =$$
$$2.5 \times 5 + 2.0 \times 4 + 3.0 + 3.5 = 27.0$$

泵房宽度

$$B/\text{m} = 10.5(含墙壁厚\ 370\ \text{mm})$$

6.3.3　吸水管路和压水管路设计

6.3.3.1　吸水管路设计

吸水管路不允许漏气,采用铸铁管,每台泵单独设置吸水管,吸水管沿水流方向有连续上升的坡度,采用 $i = 0.005$,以避免形成气囊。吸水管 $d_{DN} > 250\ \text{mm}$,$v = 1.2 \sim 1.6\ \text{m/s}$,这是由于水泵吸上真空高度所限。

按一级工作设计,吸水管流量为 $1\ 051.7/4 = 262.925\ \text{L/s}$,选用铸铁管 DN500,$v = 1.34\ \text{m/s}$,查表知 $1000i = 4.72$。

吸水喇叭口大头直径

$$D/\text{mm} = (1.3 \sim 1.5)d = 1.4 \times 500 = 700$$

吸水喇叭口长度

$$L/\text{mm} \geqslant (3.0 \sim 7.0) \times (D - d) = (3.0 \sim 7.0) \times (700 - 500) = 1\ 000$$

$d_{DN} > 400\ \text{mm}$,手动阀门启闭困难,故选用 Z445T — 10 型电动暗杆楔式闸阀:DN500,$L = 540\ \text{mm}$,$D = 670\ \text{mm}$,$W = 775\ \text{kg}$,电机型号 JO2 — 32 — 6T2,单程启闭时间 1.62 min,功率 2.2 kW;选用偏心渐缩管:$D = 500/300\ \text{mm}$,$L/\text{mm} = 2(D - d) + 150 = 550$。

6.3.3.2　压水管路设计

压水管路采用铸铁管,压水管 $d_{DN} > 250\ \text{mm}$ 时,$v = 2.0 \sim 2.5\ \text{m/s}$。每台水泵设一压水管路,在压水管路上设电动闸阀,为防止泵站内水倒流,设止回阀,为了检修,止回阀后再设一闸阀。各压水管用一条联络管连接,由两条输水管输出,联络管管径能够保证一条输水管损坏时能够输出用水量的 70%。

压水管流量为 $1\ 051.7/4 = 262.925\ \text{L/s}$,选用铸铁管 DN400,$v = 2.33\ \text{m/s}$,查表知 $1000i = 19.2$。压水管路选用 Z945T — 10 型电动暗杆楔式闸阀:DN400,$L = 480\ \text{mm}$,$D = 565\ \text{mm}$,电机型号 JO2 — 31 — 6T2,单程启闭时间 1.33 min,功率 2.2 kW;选用同心渐扩管:$D = 300/400\ \text{mm}$,$L = 350\ \text{mm}$;选用缓闭 HH44T — 10 型止回阀:DN400,$L = 900\ \text{mm}$,$D = 565\ \text{mm}$,质量 1 903 kg。

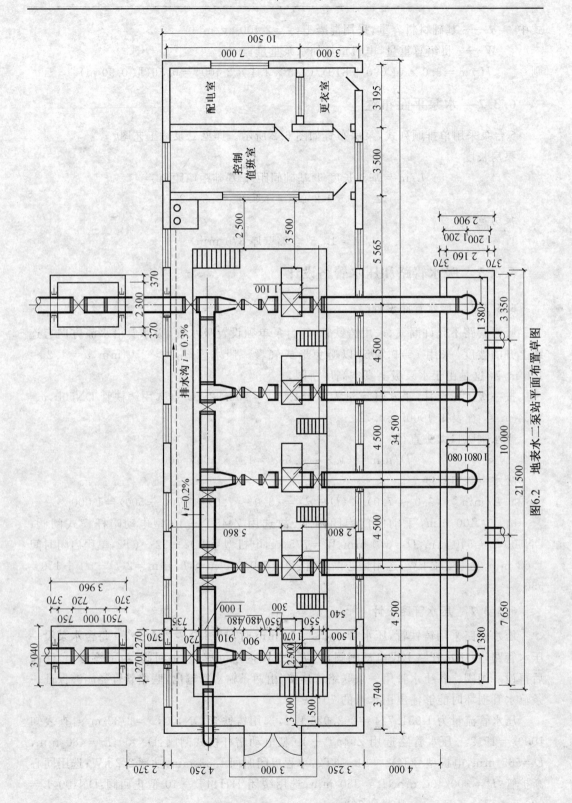

图6.2 地表水二泵站平面布置草图

联络管直径选用 DN600，设 Z945T－10 闸阀，$L=600$ mm，$D=780$ mm，$W=$ 1 080 kg。

输水管为两条，流量 525.8 L/s，DN800，$v=1.38$ m/s，查表知 $1000i=2.02$。单条输水管道工作事故时，流量为 $70\% \times 1\,051.7=736.21$ L/s。输水管上闸阀采用 Z945T－6 型电动暗杆楔式闸阀：DN800，$L=720$ mm，$D=1\,010$ mm，$W=1\,903$ kg。

6.3.4　吸水井设计

吸水井设于泵房和清水池之间，水泵吸水管伸入井内吸水。本设计采用多泵共用一个吸水井，故将吸水井分成两格，中间隔墙上设置连通管和闸门，以便分隔清洗使用。

6.3.4.1　吸水井平面尺寸

吸水井平面尺寸通常由吸水喇叭口间距决定。

喇叭口与井壁间净距 /mm $\geqslant (0.75 \sim 1.0)D=(0.75 \sim 1.0) \times 700$，取 700 mm；

喇叭口间距应 /mm $\geqslant (1.5 \sim 2.0)D=1\,400$；

喇叭口距吸水井井底距离 /mm $\geqslant 0.8D=1.0 \times 700=700$；

喇叭口淹没水深 h/m $\geqslant (0.5 \sim 1.0)=1.0$；

吸水井总长 L/m $=4.5 \times 4+1.38 \times 2+0.37 \times 2=21.5$（含墙壁厚 370 mm）；

吸水井总宽 $B=2.9$ m（含墙壁厚 370 mm）。

6.3.4.2　吸水井高程

清水池两根出水管 DN800，长 20 m，总流量 4 058.68 m³/h，流速 1.11 m/s，$1000i=1.82$；$\zeta_{进口}=0.50$，$\zeta_{出口}=1.0$，$\zeta_{弯头}=1.05$。水头损失：

$$h/m=1.82 \times 20/1\,000+(0.50+1.0+2 \times 1.05) \times 1.11^2/19.6=0.20$$

吸水井最低水位 /m＝清水池最低水位 $-h=101.24-4.0-0.40=97.04$；

吸水井最高水位 /m＝清水池最高水位 $-h=101.02$；

喇叭口最小淹没深度 H_2：一般采用 $0.5 \sim 1.0$ m，取 1.0 m；

吸水井底标高 /m $=97.04-1.0-0.7=95.34$；

吸水井高 /m＝地面标高－吸水井底标高＋超高 $=101.02-95.34+0.3=5.98$。

6.3.5　水头损失的计算和扬程的校核

6.3.5.1　吸水管路

取最不利管路计算。

吸水管路总水头损失为

$$\sum h_s = \sum h_{fs} + \sum h_{ls} \tag{6.4}$$

式中　　$\sum h_{ls}$——沿程损失，m；

$$\sum h_{ls}/m = 4 \times 4.72/1\,000 = 0.02$$

$\sum h_{fs}$——局部损失，m

$$\sum h_{fs} = \left(\zeta_{进口} + \zeta_{弯头} + \zeta_{阀门} + \zeta_{渐扩} \right) \frac{v_{吸}^2}{2g} + \xi_{入口} \frac{v_{入口}^2}{2g}$$

查设计手册知：$\zeta_{渐扩} = 0.20, \zeta_{进口} = 0.5, \zeta_{阀门} = 0.06, \zeta_{弯头} = 0.96, \zeta_{入口} = 1.0$，则总损失为

$$\sum h_{fs}/\text{m} = (0.20 + 0.5 + 0.06 + 0.96) \times \frac{1.34^2}{2 \times 9.8} + 1.0 \times \frac{3.72^2}{2 \times 9.8} =$$
$$0.16 + 0.52 = 0.68$$

则　　　　　　　　　　$$\sum h_s/\text{m} = 0.02 + 0.68 = 0.70$$

6.3.5.2　压水管路与输水管路

取最不利管路计算。压水管路和输水管路水头损失计算见表 6.6。

压水管路与输水管路总水头损失为

$$\sum h_d = \sum h_{fd} + \sum h_{ld} \tag{6.5}$$

式中　　$\sum h_{ld}$——沿程损失，m；

$$\sum h_{ld}/\text{m} = 2 \times 19.2/1\,000 + 3 \times 1.87/1\,000 + 2 \times 19.2/1\,000 = 0.065$$

$\sum h_{fd}$——局部损失，m。

表 6.6　压水管路与输水管路水头损失计算表

名　　称	管径 d_{DN} /mm	数量 /个	局部阻力 系数 ξ	流速 /(m·s^{-1})	局部阻力 /m
同心渐扩管	250/400	1	0.24	5.36	0.352
闸阀	400	2	0.07	2.33	0.039
止回阀	400	1	2.5	2.33	0.692
三通	400×600	1	1.8	2.33	0.499
闸阀	600	2	0.06	0.93	0.006
三通	400×600	1	0.1	1.85	0.017
三通	600×800	1	1.67	1.85	0.292
闸阀	800	1	0.06	1.38	0.006
总计	—	—	—	—	1.90

则　　　　　　$$\sum h_d/\text{m} = \sum h_{fd} + \sum h_{ld} = 0.065 + 1.90 = 1.965$$

6.3.5.3　扬程校核

水泵所需扬程为

$$H_p'/\text{m} = Z_c + H_c + \sum h + h_c + h_n + h' =$$
$$3.65 + 4.2 + 28 + 0.498 + 12.38 + 0.7 + 1.965 =$$
$$50.315 < 51.73 \tag{6.6}$$

所选水泵满足要求。

6.3.6　泵房高程布置

6.3.6.1　水泵最大安装高度

水泵最大安装高度,即泵轴距水面高度 H_{ss} 为

$$H_{ss} = H'_s - \frac{v^2_{入口}}{2g} - \sum h_s \tag{6.7}$$

式中　　H'_s——修正后采用的允许吸上真空度,m;

$$H'_s = H_s - (10.33 - h_a) - (h_{va} - 0.24)$$

H_s——水泵厂给定的允许吸上真空度,5 m;

h_a——安装地点的大气压值,取 9.8 m;

h_{va}——实际水温下的饱和蒸汽压力,取 0.43 m。

则　　　　$H'_s/m = 5.2 - (10.33 - 9.8) - (0.43 - 0.24) = 4.48$

所以　　　　$H_{ss}/m = 4.48 - 1 - \dfrac{1.34^2}{2g} = 3.39$

考虑长期运行后水泵性能下降和管路阻力增加等,取 $\sum h_s$ 为 1.00 m,则

泵轴标高 /m = 吸水井最低水位 $+ H_{ss} = 97.04 + 3.39 = 100.34$

基础顶面标高 /m = 泵轴标高 - 泵轴至基础顶面高度 =

泵轴标高 $- H_1 = 100.34 - 0.51 = 99.83$

进口中心标高 /m = 泵轴标高 $- H_2 = 100.34 - 0.25 = 100.09$

出口中心标高 /m = 泵轴标高 $- H_3 = 100.34 - 0.31 = 100.03$

泵房地面标高 /m = 基础顶面标高 $- 0.20 = 99.83 - 0.2 = 99.63$

6.3.6.2　起重设备

最大起重设备为电机,质量为 1 090 kg,故选用 LX 型电动单梁悬挂起重机,性能参数:最大起重量为 2 t,跨度 11 m,起升高度 9 m;选用 ZDY12 - 4 型电机,运行速度 20 m/min;配套 CD1 型电动葫芦,起升速度 8 m/min,运行速度 20 m/min;轨道工字钢型号 134a,车轮工作直径 130 mm。

6.3.6.3　泵房筒体高度

泵房高度为

$$H = H_1 + H_2 \tag{6.8}$$

式中　　H_1——泵房地面上高度,m;

$$H_1 = h_{max} + H' + d + e + h + n$$

式中　　h_{max}——吊车梁底至屋顶高,m,894 mm;

H'——梁底至起重钩中心高,m,840 mm;

d——绳长,m,$d = 0.85 B$;

B——水泵外形宽度,1.07 m;

e——最大一台泵或电机高度,0.855 m;

h——吊起物底部与泵房进口处室内地坪高差,车高 1.5 m,取

$$h/m = 1.5 + 0.4 = 1.9$$

n—— 一般不小于 0.1 m，取 0.2 m；

则　　　$H_1/m = 0.894 + 0.84 + 0.85 \times 1.07 + 0.855 + 1.9 + 0.2 = 5.60$

H_2—— 泵房地面下高度，m；

H_2/m = 泵房外地面标高 − 泵房内地面标高 = 101.22 − 99.63 = 1.59

则　　　　　　$H/m = H_1 + H_2 = 5.60 + 1.59 = 7.19$（取 7.2 m）

6.3.6.4　泵房内标高

泵轴标高为 100.34 m；

基础顶面标高为 99.83 m；

泵房内地面标高为 99.63 m；

吸水管轴线标高为 99.99 m；

压水管轴线标高为 100.03 m；

泵房下顶面标高 /m = 101.22 + 7.20 = 108.42；

泵房上顶面标高 /m = 108.42 + 0.30 = 108.72。

根据以上标高，对泵站进行高程布置，如图 6.3 所示。

6.4　附属设备

6.4.1　采暖

室内计算温度：值班室、控制室采用 16 ~ 18 ℃，其他房间采用 6 ℃；室外采用历年的日平均温度。

6.4.2　通风设备

采用自然通风与机械通风相结合。

6.4.3　引水设备

本设计采用真空泵引水，其特点是水泵启动快，运行可靠，易于实现自动化。

真空泵排气量 Q_v

$$Q_v = K \times \frac{(W_p + W_s) \cdot H_a}{T \cdot (H_a - H_{ss})} \tag{6.9}$$

式中　K—— 漏气系数，取 1.05 ~ 1.10；

W_p—— 泵站内最大一台水泵泵壳内空气容积，相当于水泵吸入口面积乘以吸入口到出水闸阀间的距离，m^3；

$$W_p/m^3 = 0.32 \times 4 \times 3.14/4 = 0.28$$

W_s—— 从吸水井最低水位算起的吸水管中空气容积，m^3；

$$W_s/m^3 = 0.52 \times 15 \times 3.14/4 = 2.94$$

H_a—— 大气压水柱高度，取 10.33 m；

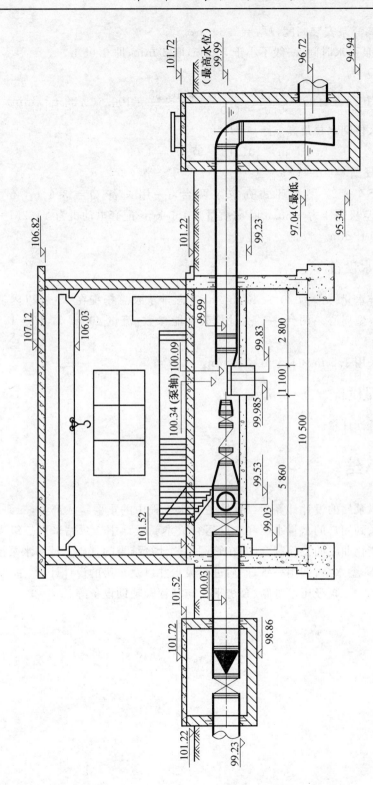

图6.3　地表水二泵站高程布置草图

H_{ss}——离心泵安装高度，$H_{ss} = 3.39$ m；

T——水泵引水时间，一般不小于 5 min，取 3 min，即 0.05 h。

则真空泵排气量 Q_v 为

$$Q_v / (\text{m}^3 \cdot \text{h}^{-1}) = 1.05 \times \frac{(0.28 + 2.94) \times 10.33}{0.05 \times (10.33 - 3.39)} = 100.6 (1.68 \text{ m}^3/\text{min})$$

吸水井最低水位到水泵最高点距离 H 为

$$H/\text{m} = 101.13 - 97.04 = 4.09$$

最大真空度 $H_{max} = 40.9$ kPa

由上，选用 SZ — 2J 型水环式真空泵两台，一用一备，$Q = 3.6$ m³/min，$H = -40.53$ kPa，真空极限压力 -88.5 kPa，质量为 150 kg。配套电动机为 Y132M—4，$P = 7.5$ kW，$r = 1\,450$ r/min。

6.4.4　排水设备

取水泵房的排水量一般为 20 ～ 40 m³/h，考虑排水泵总扬程在 15 m 以内，故选用 50QW40—15—4 型离心泵两台，一备一用，其性能参数：流量 40 m³/h，$H = 15$ m，$n = 1\,440$ r/min，$N = 4$ kW。

集水坑尺寸采用 1.5 m × 1.5 m × 1.5 m。

6.4.5　计量设备

安装电磁流量计计量。

6.5　本章小结

本章进行了二泵站的设计计算。二泵站是给水工程中的重要组成部分，二泵站设计是否合理直接关系到用户的水量水压和水厂运行成本。设计中二泵站采用三级供水，首先根据城市用水变化曲线的工作制度，并在管网平差计算结果的基础上计算水泵扬程，从而选定 5 台 300S58 型水泵，四用一备；然后进行吸水井以及泵房的设计计算，主要包括水泵基础、吸水井尺寸、水泵吸压水管路、泵房平面与高程及辅助设备等。

第7章　地下水取水工程设计

7.1　井群位置设计与布置

7.1.1　井群位置设计

井群位置设计应选择以下区域：

(1)颗粒粗、渗透性好，含水层厚，地下水补给条件好，开采贮量大，水质好的富水地段；

(2)城镇地下水的上游、供电电源较近的地段；

(3)尽可能靠近用户，且便于扩建水源的地段；

(4)便于施工，运转管理和维护的地段；

(5)不受洪涝灾害影响的地段；

(6)尽量不占或少占农田，不占好田。

本设计井群位置选在市区东北方向，海拔约 104.50 m 处。

7.1.2　井群平面布置

井群位置在满足以上条件后，在布置时还应充分利用地形、地质条件，垂直于地下水流向布置。该设计远距离输水，采用水泵集水。

井群布置方式有直线布置、梅花状布置和扇形布置。该地区地下水丰富，为厚承压水地区，井群采用梅花状布置，如图 7.1 所示。详见井群布置示意图。

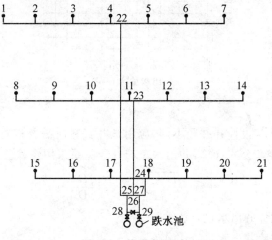

图 7.1　井群布置图

7.2　井群设计计算

7.2.1　设计资料

该市水文地质参数见 1.2.2.6,两试井建于同一地区,间距 250 m,井径为 500 mm。试井单独抽水试验资料详见表 1.4。

地下水部分设计水量 50 000 m³/d,考虑井群互阻对出水量的影响,拟设计 21 眼井,其中两眼为备用,两眼为试验井投产作为生产井。设计井井孔 800 mm。井径为钢管 DN351×10;同一行中井距为 300 m,相邻两行垂直距离 600 m,垂直于地下水水流方向布置,影响半径为 600 m。

7.2.2　井群设计计算

7.2.2.1　管井形式与构造

根据设计任务书给定的取水量和水源勘察资料,采用承压完整井,开采第二个含水层。该层由中粗砂组成,厚度为 21.00 m,埋藏于 37.50～16.50 m 标高处。拟定该井主要构造尺寸为:井深 88 m,井孔直径 800 mm,井管直径为 DN351×10。采用填砾过滤器。

7.2.2.2　单井设计水量与水位降

由抽水试验资料可知,出水量与水位降的关系曲线 $Q-S$ 为直线型,如图 7.2 所示。

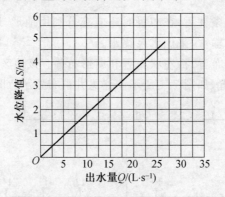

图 7.2　$Q-S$ 曲线

由于抽水试验井与设计井井径不同,应用试井资料时需要进行修正。生产上为安全考虑按无压含水量经验公式计算,井出水量与井径关系采用经验公式计算,即

$$\frac{Q_{大井}}{Q_{小井}} = \sqrt{\frac{D_{大井}}{D_{小井}}} - 0.021\left(\frac{D_{大井}}{D_{小井}} - 1\right) \tag{7.1}$$

式中　　$Q_{大井}$——设计井出水量,m³/d;

　　　　$Q_{小井}$——试验井出水量,m³/d;

　　　　$D_{大井}$——设计井井孔直径,mm;

$D_{小井}$——试验井井孔直径，mm。

设计单井出水量为 3 300 m³/d，则

$$Q_{小井}/(\mathrm{L} \cdot \mathrm{s}^{-1}) = \frac{Q_{大井}}{1.252\,3} = \frac{3\,300}{1.252\,3} = 30.50$$

根据 $Q-S$ 曲线，$Q = 30.50$ L/s 时，$S = 5.49$ m。则

$$q'/(\mathrm{L} \cdot \mathrm{s}^{-1} \cdot \mathrm{m}^{-1}) = \frac{Q_{设}}{S} = \frac{38.19}{5.49} = 6.96$$

7.2.2.3　计算试验井出水量减少系数

第一次共同抽水试验时，试验井 1 的出水量减少系数为

$$\alpha_1 = \frac{t_2}{S_1 + t_2} \tag{7.2}$$

式中　　α_1——试井 1 出水量减少系数；

t_2——试井 1 抽水时试井 2 水位削减值，m；

t_1——试井 2 抽水时试井 1 水位削减值，m；

S_1——试井 1 第一次抽水时水位降，m。

由表 1.4 知，试井 1 抽水时试井 2 水位削减值 t_2 为 0.18 m，则

$$\alpha_1 = \frac{0.18}{2.40 + 0.18} = 0.069\,8$$

第一次共同抽水试验时，试验井 2 的出水量减少系数为

$$\alpha_2 = \frac{t_1}{S_2 + t_1} \tag{7.3}$$

式中　　α_2——试井 2 出水量减少系数；

t_1——试井 2 抽水时试井 1 水位削减值，m；

t_2——试井 1 抽水时试井 2 水位削减值，m；

S_2——试井 2 第一次抽水时水位降，m。

由表 1.4 知，试井 1 抽水时试井 2 水位削减值 t_2 为 0.18 m，则

$$\alpha_2 = \frac{0.18}{2.39 + 0.18} = 0.070\,0$$

同样，第二次、第三次抽水试验时，两井出水量减少系数分别为

$$\alpha'_1 = \frac{0.27}{3.60 + 0.27} = 0.069\,8$$

$$\alpha'_2 = \frac{0.27}{3.62 + 0.27} = 0.069\,4$$

$$\alpha''_1 = \frac{0.36}{4.80 + 0.36} = 0.069\,8$$

$$\alpha''_2 = \frac{0.36}{4.82 + 0.36} = 0.069\,5$$

取 $\alpha_{250} = \alpha_1 = \alpha_2 = 0.700$。

井距不同时出水量减少系数修正计算为

$$\alpha_{300} = \alpha_{250} \times \frac{\lg \dfrac{R}{300}}{\lg \dfrac{R}{250}} \tag{7.4}$$

式中　　α_{250}——井距 250 m 时出水量减少系数；

　　　　α_{300}——井距 300 m 时出水量减少系数；

　　　　R——影响半径，m，本设计为 600 m。

则 $\alpha_{300} = 0.060\,8$，$\alpha_{550} = 0.030\,2$，$\alpha_{600} = 0.025\,8$。

7.2.2.4　计算各井处于互阻影响下的出水量

各井在互阻影响下的出水量 $\sum Q'$ 以及总出水量见附录 23。

7.2.2.5　不发生互阻时井群的总出水量

$$\sum Q / (\text{L} \cdot \text{s}^{-1}) = q_1 \cdot s_1 \cdot n_1 + q_2 \cdot s_2 \cdot n_2 = 38.210 \times 17 + 30.50 \times 2 = 710.57$$

7.2.2.6　井群互阻下出水量减少百分数

$$\frac{\sum Q - \sum Q'}{\sum Q} \times 100\% = \frac{710.57 - 616.74}{710.57} \times 100\% = 13.20\% < 15\%$$

这说明设计井间距适宜，19 眼井工作，2 眼备用可满足用水需求。

7.2.2.7　井群连接管路计算

连接管采用铸铁管，根据经济流速确定管径。即 $d_{\text{DN}} < 400$ mm 时，$v = 0.6 \sim 0.9$ m/s，$d_{\text{DN}} \geqslant 400$ mm 时，$v = 0.9 \sim 1.4$ m/s。

连接管路水力计算见附录 24。

7.3　选择抽水设备及确定安装高度

7.3.1　抽水设备的选择

地下水埋藏深度较大，采用深井泵为该水源抽水设备。

井泵扬程的计算为

$$H = H_1 + H_2 + h + \sum h + H_{安全} \tag{7.5}$$

式中　　H_1——最低动水位至泵出口的高差，m；

　　　　H_2——泵出口到控制点的高度，m，$H_1 + H_2 = 109.50 - 88 + 5.49 = 26.99$ m；

　　　　h——扬水管水头损失，一般每米损失 $0.03 \sim 0.05$ m，取 0.05 m，则 h 为 1.0 m；

　　　　$\sum h$——水泵出口至控制点的总水头损失，m；

　　　　$H_{安全}$——富余水头，一般按 10%，取 3 m。

则　　　　　　　$H = 26.99 + 1.0 + \sum h + 3 = 30.99 + \sum h$

各井流量及所需扬程见附录 25。

根据流量与扬程,选择 LC 型立式长轴泵 150LC－37,其性能参数见表 7.1。

表 7.1　150LC－37 型立式长轴泵性能参数

型号	流量 Q /(m³·h⁻¹)	扬程 H/m	转速 n /(r·min⁻¹)	电动机 型号	功率 /kW	叶轮直径 D/mm	泵质量 /kg	电机质量 /kg
150LC －37	75 150 190	43.7 36.6 30.3	2 950	Y180M₁ －2 B₅	30	186	1 450＋140N	240

外形尺寸见表 7.2。

表 7.2　150LC－37 型立式长轴泵外形尺寸　　　　　　单位:mm

型号	L	J	R	P	F
150LC－37	1 400 N	430	258	362	740

外形(细部)尺寸见表 7.3。

表 7.3　150LC－37 型立式长轴泵外形(细部)尺寸　　　　　　单位:mm

型号	DN	A	B	E	G	Q_{min}	S_{min}
150LC－37	150	350	420	640	300	250	P
型号	H	L_0	L_1	L_2	C	l	H_1
150LC－37	160	1 400	400	1 400	30	100	462

出口法兰及地脚尺寸见表 7.4。

表 7.4　150LC－37 型立式长轴泵出口法兰及地脚尺寸　　　　　　单位:mm

型号	DN	出口法兰尺寸			
	150	D_1	D_2	h	$n-\varphi d$
150LC－37	150	240	285	26	8－22
型号	DN	地脚尺寸			
	150	U	M	$n_1-\varphi d_1$	$n_1-\varphi W$
150LC－37	150	500	750	4－23	4－150

7.3.2　压水管路设计

压水管选用 DN150 铸铁管,d_{DN}＜250 mm,v 为 1.5～2.0 m/s,查水力计算表,各井压水管流速范围为 1.46～2.01 m/s,基本符合要求。

管路设微阻缓闭止回阀,选用 HH49X－10 型微阻缓闭消声蝶式止回阀,D＝280 mm,L＝210 mm,H＝228 mm。

压力计选用 Y－150 系列弹簧管压力表,DN150,量程 0～2.5 MPa。

水平螺翼式水表,LXL－150 型,计量等级 A,公称直径 150 mm,最大流量 300 m³/h,公称流量 150 m³/h。

蝶阀选用 D971X 型电动对夹式蝶阀,DN150,$L=56$ mm,$W=31$ kg,水泵进出口法兰均为 DN150,压水管不设异径管。

此外,压水管路设侧水位管及除砂器。

7.3.3　水泵复核

水表水头损失为

$$H_B = \frac{q_g^2}{K_b} \qquad\qquad (7.6)$$

式中　　q_g——计算管路的设计流量,m³/h;

K_b——水表的特性参数,$K_b = \frac{q_{max}^2}{10}$;

q_{max}——水表最大流量,m³/h,$K_b = \frac{300^2}{10} = 9\ 000$。

通过水表的水头损失 $H_B/\text{m} = \frac{98^2}{9\ 000} = 1.07$。

止回阀 $\xi_1 = 6.5$,蝶阀 $\xi_2 = 0.2$,则局部水头损失为

$$h_f/\text{m} = (\xi_1 + \xi_2) \times \frac{v^2}{2g} = (6.5 + 0.2) \times \frac{1.43^2}{2 \times 9.8} = 0.70$$

沿程水头损失 $h_1/\text{m} = \frac{25}{1\ 000} \times 30.8 = 0.77$,则

$$\sum h_{井室内}/\text{m} = h_f + h_1 + H_B = 0.70 + 0.77 + 1.07 = 2.54$$

所需扬程

$$H/\text{m} = 7.54 + 2.54 + 29.01 = 39 < 41.46$$

7.3.4　水泵安装高度的确定

井泵在水下的安装高度,应使井泵叶轮处于动水位以下,一般为:深井泵的第一级叶轮在动水位下淹没水深不得小于 1 m,以 2～3 m 为好;或将 2～3 个叶轮浸入动水位以下。本设计将叶轮浸入动水位下 2 m。

7.3.5　深井泵房设计

深井泵由泵体、装有传动轴的扬水管、泵座和电动机组成。泵体和扬水管安装在管径内,泵座和电动机安装在井室内。深井泵房可以建成地面式、地下式或半地下式。地面式深井泵房在维护管理、防水、防潮、采光等条件均优于地下式。但地下式深井泵站便于城镇、厂区规划,防寒条件好,尤其适用于北方寒冷地区,井室内一般无需采暖。本设计采用半地下式,井室所在地面标高为 104.50 m,井室内地面标高为 102.50 m。

为了防止井室积水流入井内,井口应高出地面 0.3～0.5 m,本设计采用 0.3 m。为防止地层被污染,井口一般用黏土或水泥等不透水材料密封。封闭深度采用 3 m。

7.3.6　井管构造设计

井壁管和沉淀管采用外径 351 mm,壁厚 $\delta = 10$ mm 的热轧无缝钢管,管段用焊接连

接。管口中心标高为 102.80 m。由柱状图得井壁管长度为 28.50 − (104.50 − 102.80) = 26.8 m,沉淀管长度为 6.00 m。沉淀管外围用非级配砾石填充,过滤器外围用级配砾石填充,井壁管外围用优质黏土封闭。

过滤器采用热轧无缝钢管填砾过滤器,过滤器构造应根据含水层颗粒组成设计。含水层由中粗砂颗粒组成,其粒径大于 0.5 mm 占全重的 50% 以上,其计算颗粒 $d_{50} = 0.5$ mm,填砾粒径为

$$D_{50} = (6 \sim 8) d_{50}' \tag{7.7}$$

式中　　D_{50}—— 填砾砾石计算粒径,mm;

　　　　d_{50}—— 含水层颗粒计算粒径,mm。

$$D_{50} / \text{mm} = (6 \sim 8) \times 0.5 = 3 \sim 4$$

填砾厚度为 (800 − 350)/2 = 225 mm,填砾高度考虑投产后砾石继续下沉的可能,填砾高度在过滤器顶端以上 8.0 m。

过滤器外径 351 mm,壁厚 $\delta = 10$ mm,管壁上钻有 $d = 20$ mm 的孔,孔眼按梅花桩布置,孔眼纵向间距(轴向)22.22 mm,横向间距 50.1 mm,每周 22 个孔眼。钢管外用直径 6 mm 的钢筋作为垫筋,沿圆周分布,共 21 根。

因填砾粒径为 3 ~ 4 mm,缠丝间距应小于 3 mm,用 12# 镀锌铁丝作为缠丝材料。

过滤器每节长度为 5.25 m,两段分别留出 100 mm、150 mm 的死头(不带孔眼)供焊接、加工、安装用,根据含水层厚度过滤器分 4 节。

7.3.7　含水层渗透稳定性的校核

填砾过滤器表面渗流速度为

$$v = \frac{Q}{\pi D L} \tag{7.8}$$

式中　　Q—— 所选水泵的抽水能力,m³/d;

　　　　v—— 进入过滤器的实际渗流流速,m/d;

　　　　D—— 包括填砾厚度在内的钻孔孔径,m;

　　　　L—— 过滤器有效工作长度,m。

$$v / (\text{m} \cdot \text{d}^{-1}) = \frac{4\,560}{3.14 \times 0.8 \times 20} = 90.72$$

允许渗流速度为

$$v_{\text{允}} = 65 \sqrt[3]{K} \tag{7.9}$$

式中　　v—— 渗流速度,m/d;

　　　　K—— 渗透系数,m/d。

此处 K 值可用裘布依公式确定为

$$K = \frac{Q \cdot \tan \dfrac{R}{r}}{2.73 \cdot m \cdot S} \tag{7.10}$$

式中　　R—— 影响半径,m,与含水层颗粒组成有关,本设计为 600 m;

　　　　r—— 井半径,m;

S——水位降落值，m；

m——含水层厚度，m。

设计中，井半径为 0.4 m，水位降落值为 6.96 m，含水层厚度为 21 m，则

$$K/(\mathrm{m} \cdot \mathrm{d}^{-1}) = \frac{4\,560 \times \tan\dfrac{600}{0.4}}{2.73 \times 6.96 \times 21} = 19.79$$

$$V_{允}/(\mathrm{m} \cdot \mathrm{d}^{-1}) = 65 \times \sqrt[3]{19.79} = 175.83 > 90.72$$

所以，该含水层是稳定的。

7.4　本章小结

　　本章首先根据水文地质资料选定井群位置并进行了平面布置，随后选择了管井的形式与构造，计算单井出水量以及井群互阻影响下出水量。在井群平面布置的基础上，进行了连接管路的水力计算，并据此选择抽水设备——LC 型立式长轴泵 150LC—37，从而对吸、压水管路进行设计计算，进行泵房平面和高程的简单布置。最后，对含水层渗透稳定性进行了校核。

第8章 地下水净水厂设计

8.1 厂址的选择

净水厂厂址选择依据同地表水净水厂部分。

本设计按照上述原则并结合东方市具体情况,净水厂设于市区西北,靠近水源地,具体位置见城市管网平面图。

8.2 工艺流程的选择

8.2.1 原始资料

东方市原水水质主要参数见表1.5。

8.2.2 主要设计依据

(1)《室外给水设计规范(GB50013—2006)》;

(2)《生活饮用水卫生标准(GB5749—2006)》;

(3)《给水排水设计手册(第二版)》第1册、第3册、第10册、第11册;

(4)《给水排水快速设计手册》第1册。

8.2.3 水厂设计流量

井群出水量为616.74 L/s(53 286 m³/d),水厂的设计流量Q为53 286 m³/d。

8.2.4 工艺流程选择

地下水水质清澈,只需进行简单的处理。由表1.5可知,地下水中铁含量为3 mg/L,锰含量为1 mg/L,高于饮用水标准。根据《室外给水设计规范》(GB50013—2006),地下水同时含铁含锰时,当原水含铁量低于6.0 mg/L,含锰量低于1.5 mg/L时,可采用原水曝气——单级过滤工艺。

采用跌水装置时,跌水级数可采用1~3级,每级跌水高度为0.5~1.0 m,单宽流量为20~50 m³/(m·h)。

过滤采用普通快滤池,具有运行稳妥,出水水质较好的特点,且运行经验丰富。根据规范,除铁、除锰滤池采用大阻力配水系统。

8.3　跌水池设计

8.3.1　设计参数的选择

根据新乡二水厂运行经验,水厂为二级跌水,跌水池设两座,第一级跌水高度为 0.4 m,堰的单宽流量为 152 m³/(m·h);第二级跌水高度为 1.4 m,堰的单宽流量为 284 m³/(m·h)。跌水曝气一般能将水中溶解氧提高 2~4 mg/L,对于含铁、锰量不大于 10 mg/L 的地下水,基本可以满足要求。

8.3.2　跌水池的设计计算

设计流量 $Q=53\ 286$ m³/d(2 220 m³/h),则单座跌水池流量为 $Q/2=1\ 110$ m³/h (0.308 m³/s)。

第一级圆形溢流堰选用 $D=5$ m,跌水高度 0.4 m,单宽流量为 56 m³/(m·h);

第二级圆形溢流堰选用 $D=8$ m,跌水高度 1.4 m,单宽流量为 22 m³/(m·h)。

取停留时间为 2 min,则第二级跌水池内有效水深为

$$\frac{0.308\times60\times2}{(4^2-2.5^2)\pi}=1.20\ \text{m}$$

超高取 0.3 m。跌水池进出水管均采用 DN600 的铸铁管,$v=1.09$ m/s,$1000i=2.51$。

进水管喇叭口大头直径/mm≥(1.3 ~1.5)$d=800$

喇叭口长(3.0 ~570)($D-d$)=800 mm

跌水池平面图及剖面图如图 8.1、8.2 所示:

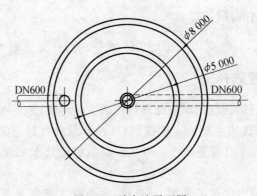

图 8.1　跌水池平面图

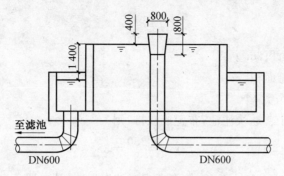

图 8.2　跌水池剖面图

8.4　除铁除锰快滤池设计

8.4.1　设计参数的选择

除铁滤池滤速为 5~10 m/h,除锰时为 5~8 m/h,本设计取 8 m/h。

石英砂滤料反冲洗强度为 14 L/(s · m²),除铁和除锰快滤池中,膨胀率分别为 30%~40% 和 27%~35%,取 30%。

反冲洗时间为 7 min,约 0.1 h。

设计水量 $Q=53\ 286$ m³/d(2 220 m³/h,616 L/s)。

8.4.2　平面尺寸计算

滤池总面积为

$$\left.\begin{array}{l} F=\dfrac{Q}{v \cdot T} \\[2mm] T=24-T_0-nt_1 \end{array}\right\} \tag{8.1}$$

式中　F——滤池总面积,m²;

　　　　Q——设计水量,m³/d;

　　　　v——设计滤速,m/h;

　　　　T——滤池每日的工作时间,h;

　　　　T_0——滤池每日冲洗后停用和排放初滤水的时间,h;

　　　　t_1——滤池每次冲洗时间,h;

　　　　n——滤池每日的冲洗次数,次。

设计中取 $n=2$ 次,$t_1=0.1$ h,不考虑排放初滤水时间,即取 $T_0=0$,则

$$T/\text{h}=24-2 \times 0.1=23.8$$

设计中选用单层滤料石英砂,滤速为 8 m/h,则

$$F/\text{m}^2=\frac{53\ 286}{8 \times 23.8}=280$$

单池面积为

$$f = \frac{F}{N} \qquad (8.2)$$

式中　　f——单池面积，m^2；

　　　　F——滤池总面积，m^2；

　　　　N——滤池个数，个。

　　查手册，选用 8 个普通快滤池，布置成双排，则

$$f/\mathrm{m}^2 = \frac{280}{8} = 35$$

$f > 30\ \mathrm{m}^2$，长宽比取 $2:1 \sim 4:1$，综合考虑滤池布置，设计中取 $L \times B = 7\ \mathrm{m} \times 5\ \mathrm{m}^2$。

滤池实际面积为 $7 \times 5 = 35\ \mathrm{m}^2$，实际滤速为

$$v/(\mathrm{m} \cdot \mathrm{h}^{-1}) = \frac{53\ 286}{8 \times 35 \times 23.8} = 8.0$$

当一座滤池检修时，其余滤池强制滤速为

$$v'/(\mathrm{m} \cdot \mathrm{h}^{-1}) = \frac{Nv}{N-1} = 9.14$$

8.4.3　滤池高度

$$H = H_1 + H_2 + H_3 + H_4 \qquad (8.3)$$

式中　　H——滤池高度，m，一般采用 $3.20 \sim 3.60$ m；

　　　　H_1——托层高度，m；

　　　　H_2——滤料层厚度，m；

　　　　H_3——滤层上水深，m，一般采用 $1.5 \sim 2.0$ m；

　　　　H_4——超高，m，一般采用 0.3 m。

　　设计中取 $H_1 = 0.40$ m，$H_2 = 0.80$ m，$H_3 = 1.70$ m，$H_4 = 0.3$ m，故滤池总高度为

$$H/\mathrm{m} = H_1 + H_2 + H_3 + H_4 = 0.40 + 0.80 + 1.70 + 0.30 = 3.20$$

8.4.4　配水系统设计

8.4.4.1　最大粒径滤料的最小流化态流速

$$V_{\mathrm{mf}} = 12.26 \times \frac{d^{1.31}}{\varphi^{1.31} \times \mu^{0.54}} \times \frac{m_0^{2.31}}{(1-m_0)^{0.54}} \qquad (8.4)$$

式中　　V_{mf}——最大粒径滤料的最小流化态流速，cm/s；

　　　　d——滤料粒径，m；

　　　　φ——球度系数；

　　　　μ——水的动力黏度，$\mathrm{N} \cdot \mathrm{s}/\mathrm{m}^2$；

　　　　m_0——滤料的空隙率。

　　设计中取 $d = 0.001\ 2$ m，$\varphi = 0.98$，$m_0 = 0.38$，水温 20 ℃ 时 $\mu = 0.01\ \mathrm{N} \cdot \mathrm{s}/\mathrm{m}^2$。

$$V_{\mathrm{mf}}/(\mathrm{cm} \cdot \mathrm{s}^{-1}) = 12.26 \times \frac{0.001\ 2^{1.31}}{0.98^{1.31} \times 0.01^{0.54}} \times \frac{0.38^{2.31}}{(1-0.38)^{0.54}} = 1.08$$

8.4.4.2　反冲洗强度

$$q = 10 \; kV_{mf} \tag{8.5}$$

式中　　q——反冲洗强度，$L/(s \cdot m^2)$，一般采用 $12 \sim 15 \; L/(s \cdot m^2)$；

　　　　k——安全系数，一般采用 $1.1 \sim 1.3$。

设计中取 $k = 1.3$

$$q/(L \cdot s^{-1} \cdot m^{-2}) = 10 \times 1.3 \times 1.08 = 14$$

8.4.4.3　反冲洗水流量

$$q_g = f \cdot q \tag{8.6}$$

式中 q_g——反冲洗干管流量，L/s。

$$q_g/(L \cdot s^{-1}) = 35 \times 14 = 490$$

8.4.4.4　干管始端流速

由以上计算知，$q_g = 490 \; L/s$，干管始端流速一般采用 $1.0 \sim 1.5 \; m/s$，选用 DN700 的钢管，此时 $v = 1.27 \; m/s$。

8.4.4.5　配水支管总数

$$n_z = 2 \times \frac{L}{a} \tag{8.7}$$

式中　　n_z——单池中支管根数，根；

　　　　L——滤池长度，m；

　　　　a——支管中心间距，m，一般取 $0.2 \sim 0.3 \; m$。

设计中取 $a = 0.28 \; m$，则

$$n_z/\text{根} = 2 \times \frac{7.0}{0.28} = 50$$

8.4.4.6　单根支管入口流量

$$q_z = \frac{q_g}{n_j} \tag{8.8}$$

式中　　q_z——单根支管入口流量，L/s。

$$q_z/(L \cdot s^{-1}) = \frac{490}{50} = 9.8$$

8.4.4.7　支管入口流速

支管入口流速 v_z 一般采用 $1.5 \sim 2.0 \; m/s$，选用支管管径 $D_z = 80 \; mm$，此时支管入口流速为 $1.97 \; m/s$。

8.4.4.8　单根支管长度

$$l_z = \frac{1}{2}(B - D) \tag{8.9}$$

式中　　l_z——单根支管长度，m；

　　　　B——单格滤池宽度，m；

　　　　D——配水干管管径，m。

设计中取 $B = 6$ m, $D = 1.0$ m。

$$l_z / \text{m} = \frac{1}{2} \times (5.0 - 0.7) = 2.15$$

8.4.4.9　配水支管上孔口总面积

$$F_k = K \cdot f \qquad\qquad (8.10)$$

式中　　F_k——配水支管上孔口总面积，m^2；

　　　　K——配水支管上孔口总面积与滤池面积之比，一般采用 $0.2\% \sim 0.25\%$。

设计中取 $K = 0.25\%$，则孔的总面积为

$$F_k / \text{m}^2 = 0.25\% \times 35 = 0.087 \text{ m}^2 (87\ 000 \text{ mm}^2)$$

8.4.4.10　配水支管上孔口流速

$$v_k = \frac{q_g}{F_k} \qquad\qquad (8.11)$$

式中　　v_k——配水支管上孔口流速，m/s，一般采用 $5.0 \sim 6.0$ m/s，则孔的流速为

$$v_k / (\text{m} \cdot \text{s}^{-1}) = \frac{0.490}{0.087} = 5.63$$

8.4.4.11　单个孔口面积

$$f_k = \frac{\pi \cdot d_k^2}{4} \qquad\qquad (8.12)$$

式中　　f_k——配水支管上单格孔口面积，mm^2；

　　　　d_k——配水支管上孔口的直径，mm，一般采用 $9 \sim 12$ mm。

设计中取 $d_k = 9$ mm，则单格孔的面积为

$$f_k / \text{mm}^2 = \frac{3.14 \times 9^2}{4} = 63.5$$

8.4.4.12　孔口总数

$$N_k = \frac{F_k}{f_k} \qquad\qquad (8.13)$$

式中　　N_k——孔口总数，个。

$$N_k / \text{个} = \frac{87\ 000}{63.5} = 1\ 370$$

8.4.4.13　每根支管上的孔口数

$$n_k = \frac{N_k}{n_z} \qquad\qquad (8.14)$$

式中　　n_k——每根支管上的孔口数，个。

$$n_k / \text{个} = \frac{1\ 370}{50} = 28$$

支管孔眼布置成两排，与垂直线成 $45°$ 夹角向下交错排列，如图 8.3 所示。

8.4.4.14　孔口中心距

$$a_k = \frac{l_z \cdot 2}{n_k} \qquad\qquad (8.15)$$

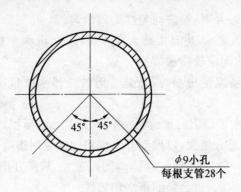

图 8.3　支管孔眼布置示意图

式中　a_k——孔口中心距，m。

设计中取 $l_z=2.15$ m，$n_k=28$ 个，则孔口中心距为

$$a_k/m=\frac{2.15}{28/2}=0.15$$

8.4.4.15　孔口平均水头损失

$$h_k=\frac{1}{2g}\left(\frac{q}{10\mu\cdot k}\right)^2 \tag{8.16}$$

式中　h_k——孔口平均水头损失，m；

　　　k——冲洗强度，L/(s·m²)；

　　　μ——流量系数；

设计中取 $\delta=5$ mm，孔眼直径与壁厚之比为 $d_k/\delta=9/5=1.8$，流量系数 $\mu=0.68$，则

$$h_k/m=\frac{1}{2\times9.8}\times\left(\frac{14}{10\times0.68\times0.025}\right)^2=3.5$$

8.4.4.16　校核配水系统

支管长度与直径之比不应大于 60，则

$$\frac{l_z}{d_z}=\frac{2.15}{0.08}=26.9，满足要求$$

孔眼总面积与支管总横截面积之比应小于 0.5，则

$$\frac{F_k}{n_z\cdot f_z}=\frac{0.087}{50\times3.14/4\times0.08^2}=0.35<0.5，满足要求$$

干管横截面积与支管横截面积之比应为 1.75～2.00，则

$$\frac{f_g}{n_z\cdot f_z}=\frac{0.7^2}{50\times0.08^2}=1.53，基本满足要求$$

孔眼中心间距应小于 0.2 m，则

$$a_k=0.15<0.2，符合要求$$

8.4.5　洗砂排水槽设计

洗沙排水槽设计要求如下：

(1)冲洗废水应自由跌入冲洗排水槽，槽内水面以上一般有 7 cm 左右保护高，以免槽

内水面和滤池水面连成一片,使冲洗均匀性受到影响;

(2) 冲洗排水槽内的废水,应自由跌入废水槽,以免废水干扰冲洗排水槽出流,引起壅水现象,为此废水渠水面应较排水槽低;

(3) 每单位槽长的溢流量应相等,故施工时冲洗排水槽口应力求水平,误差限制在 2 mm 以内;

(4) 冲洗排水槽在水平面上的总面积一般不大于滤池面积的 25%,否则冲洗时槽与槽之间的水流上升速度过分增大,以致上升水流均匀性受到影响;

(5) 槽与槽中心距一般为 1.5 ~ 2.1 m,间距过大、从离开槽口最远一点和最近一点流入排水槽的流线相差太远,也会影响排水均匀性;

(6) 冲洗排水槽高度要适合,槽口太高,废水排出不净,槽口太低,滤池滤料会流出,冲洗时由于两槽间水流断面缩小,流速增高,为避免冲走滤料,滤料膨胀层应在槽底下端。

8.4.5.1　洗砂排水槽中心距

洗砂排水槽中心间距采用 $a_0 = 1.7$ m(一般为 1.5 ~ 2.1 m)

排水槽根数:$n_0 /$ 根 = 5/1.7 = 3,则实际每槽中心距为 1.67 m,槽壁厚取为 50 mm。

8.4.5.2　排水槽长度

$$l/\text{m} = l_0 = 7.0$$

8.4.5.3　每槽排水量

$$q_0/(\text{L} \cdot \text{s}^{-1}) = q \cdot l_0 \cdot a_0 = 14 \times 7.0 \times 1.67 = 163.66$$

槽中流速 $v_0 = 0.6$ m/s,采用三角形标准断面。

8.4.5.4　槽断面模数

$$x/\text{m} = \frac{1}{2} \cdot \sqrt{\frac{q_0}{1\,000 \cdot v_0}} = \frac{1}{2} \sqrt{\frac{163.66}{1\,000 \times 0.6}} = 0.26$$

排水槽底厚度采用 $\delta = 0.05$ m,排水槽断面如图 8.4 所示。

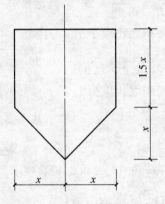

图 8.4　洗沙排水槽断面示意图

8.4.5.5　洗砂排水槽顶距砂面高度

$$H_e = e \times H_2 + 2.5x + \delta + c \tag{8.17}$$

式中　　H_e—— 洗砂排水槽顶距砂面高度，m；

　　　　c—— 洗砂排水槽的超高，m。

设计中取 $e = 40\%$，$\delta = 0.05$ m，$H_2 = 0.8$ m，$c = 0.075$，则

$$H_e/\text{m} = 40\% \times 0.8 + 2.5 \times 0.26 + 0.05 + 0.075 = 1.095$$

8.4.5.6　洗砂排水槽总平面面积

$$F_0 = 2xl_0n_0 \tag{8.18}$$

式中　　x—— 洗砂排水槽断面模数，m；

　　　　l_0—— 洗砂排水槽长度 m；

　　　　n_0—— 洗砂排水槽根数，根。

则　　　　　　　　$F_0/\text{m}^2 = 2 \times 0.26 \times 7.0 \times 3 = 10.92$

排水槽总面积与滤池面积之比，一般应小于 25%，则

$$\frac{F}{f} = \frac{10.92}{35} = 31\%$$

基本符合要求。

8.4.6　滤池各种管渠设计

集中布置滤池的管渠，配件及阀门的场所叫管廊。管廊中的管道一般用金属材料，也可用钢筋混凝土渠道。

管廊布置力求紧凑、简洁，要留有设备及管配件安装维修的必要空间，要有良好的防火排水及通风、照明设备；要便于和操作室联系。

8.4.6.1　管渠设计参数

进水管（渠）：流速为 $0.8 \sim 1.2$ m/s；

清水管（渠）：流速为 $1.0 \sim 1.5$ m/s；

冲洗水管（渠）：流速为 $2.0 \sim 2.5$ m/s；

排水管（渠）：流速为 $1.0 \sim 1.5$ m/s。

8.4.6.2　进水管

进水总量 $Q_1 = 52\,386$ m³/d（0.617 m³/s），采用进水总渠，则进水总渠尺寸采用 $B \times H = 1.1$ m $\times 1.0$ m，管中流速 $v_0 = 0.80$ m/s，其中进水渠中有效水深为 0.7 m，取超高为 0.3 m。

各个滤池进水管流量为

$$Q_2/(\text{m}^3 \cdot \text{s}^{-1}) = \frac{0.617}{8} = 0.077$$

进水总管直径采用 $D_1 = 900$ mm，管中流速 $v_1 = 0.96$ m/s。进水支管直径采用 $D_2 = 300$ mm，管中流速 $v_2 = 1.09$ m/s。

8.4.6.3　冲洗水管

冲洗水量 $Q_3/(\mathrm{m^3 \cdot s^{-1}}) = q \cdot f = 14 \times 35/1\,000 = 0.49$，采用一根冲洗水管，所以冲洗水管中的流量为 $Q_3 = 0.49\ \mathrm{m^3/s}$；冲洗水管管径采用 $D_3 = 500\ \mathrm{mm}$，管中流速 $v_3 = 2.41\ \mathrm{m/s}$。

8.4.6.4　清水管

清水总流量 $Q_4 = Q_1 = 0.617\ \mathrm{m^3/s}$，采用清水总渠，清水总渠断面尺寸为 $B \times H = 1.0\ \mathrm{m} \times 0.9\ \mathrm{m}$(含超高 0.3 m)，以利于布置。

采用管径 $D_4 = 800\ \mathrm{mm}$，管中流速 $v_5 = 1.22\ \mathrm{m/s}$，$1000i = 2.16$。

每个滤池清水管流量 $Q_5 = Q_2 = 0.077\ \mathrm{m^3/s}$，每个滤池清水管管径采用：$D_5 = 300\ \mathrm{mm}$，管中流速 $v_6 = 1.09\ \mathrm{m/s}$。

8.4.6.5　排水渠

排水流量 $Q_6 = Q_3 = 0.49\ \mathrm{m^3/s}$；排水渠断面尺寸为 $B \times H = 0.9\ \mathrm{m} \times 0.7\ \mathrm{m}$(包括超高 0.2 m)；渠中流速 $v_6 = 1.09\ \mathrm{m/s}$。

采用 DN700 的排水管，管中流速 $v_7 = 1.29\ \mathrm{m/s}$，排水管中的水最终流到排水渠中。

8.4.6.6　集水渠

集水渠流量 $Q_7 = 0.49\ \mathrm{m^3/s}$，取渠断面尺寸 $B = 0.9\ \mathrm{m}$，其中渠中有效水深为 0.54 m，超高取 0.30 m，渠中流速 $v_8 = 1.0\ \mathrm{m}$。

洗沙排水槽底到排水渠底的高度为

$$H_c = 1.73\sqrt[3]{\frac{Q^2}{gB^2}} + 0.2 \tag{8.19}$$

式中　Q——滤池冲洗流量，$\mathrm{m^3/s}$；

　　　q——冲洗强度，$\mathrm{m^3/(s \cdot m^2)}$；

　　　F——滤池面积，$\mathrm{m^2}$；

　　　B——排水渠宽度，m；

　　　0.2——安全高度，m。

则　　　　　$H_c/\mathrm{m} = 1.73 \times \sqrt[3]{\frac{(14 \times 35/1\,000)^2}{9.8 \times 0.9^2}} + 0.2 = 0.74$

8.4.6.7　冲洗水箱的计算

冲洗时间为

$$t = 7\ \mathrm{min}$$

冲洗水箱容积为

$$w/\mathrm{m^3} = 1.5 \cdot q \cdot f \cdot t = 1.5 \times 14 \times 35 \times 6 \times 60/1\,000 = 264.6$$

承托层水头损失为

$$h_{w3} = 0.022 \cdot H_1 \cdot q \tag{8.20}$$

$$h_{w3}/\mathrm{m} = 0.022 \times 0.40 \times 14 = 0.12$$

冲洗时滤层水头损失为

$$h_{w4} = \left(\frac{\rho_{砂}}{\rho_{水}} - 1 \right)(1 - m_0) \cdot H_2 \qquad (8.21)$$

式中　h_{w4}—— 冲洗时滤层的水头损失，m；

　　　$\rho_{砂}$—— 滤料的密度，kg/m³，石英砂密度一般采用 2 650 kg/m³；

　　　$\rho_{水}$—— 水的密度，kg/m³，为 1 000 kg/m³；

　　　m_0—— 滤料为膨胀前的孔隙率，取 0.41；

　　　H_2—— 滤料未膨胀前的厚度，m，0.8 m。

$$h_{w4}/m = \left(\frac{2\ 650}{1\ 000} - 1 \right)(1 - 0.41) \times 0.80 = 0.78$$

$$H_t = h_{w1} + h_{w2} + h_{w3} + h_{w4} + h_{w5} \qquad (8.22)$$

式中　H_t—— 冲洗水箱的箱底距冲洗排水槽顶的高度，m；

　　　h_{w1}—— 水箱与滤池间冲洗管道的沿程和局部水头损失之和，m，取 1.0 m；

　　　h_{w2}—— 配水系统的水头损失，m，3.5 m；

　　　h_{w5}—— 备用水头，m，一般采用 1.5 ~ 2.0 m，取 1.5 m。

$$H_t/m = 1.0 + 3.5 + 0.12 + 0.78 + 1.5 = 6.9$$

详见普通快滤池工艺图。

8.5　消　　毒

采用滤后消毒，生活饮用水的细菌含量和余氯量应符合《生活饮用水卫生标准（GB5749—2006）》的规定。

8.5.1　消毒剂及加氯点的选择

本设计采用液氯消毒，滤后加氯的消毒方式，加氯点位于清水池进口处。

8.5.2　加氯量的计算

加氯量计算方法同地表水净水厂部分，最大投氯量 $b = 1.0$ mg/L。则加氯量

$$q/(g \cdot d^{-1}) = bQ = 1.0 \times 52\ 386 = 52\ 386(53.3\ kg/d)$$

8.5.3　加氯设备的选择

加氯设备包括自动加氯机、氯瓶和自动监测与控制装置等。

8.5.3.1　自动加氯机选择

加氯机用以保证消毒安全，计量准确。根据加氯量选用 ZJL-Ⅰ型真空加氯机两台，一用一备。每台加氯机加氯量为 0.1 ~ 3.0 kg/h。加氯机外形尺寸为：长 × 高 = 600 mm × 305 mm，加氯机安装在墙上，安装高度在地面以上 1.5 m，两台加氯机之间的净距为 0.8 m。

8.5.3.2　氯瓶

采用容量为 350 kg 的氯瓶，尺寸为：外径 × 瓶高 = 600 mm × 1 335 mm，瓶自重

350 kg,公称压力2 MPa。氯瓶采用2组,每组5个,一组使用,一组备用,每组使用周期约33 d。

8.5.4　加氯间和氯库的布置

加氯间及氯库布置原则同 5.8.4 所述。

8.5.4.1　氯库

氯瓶分两排布置,考虑人员通行、搬运和氯瓶间距等因素确定氯库尺寸为 $L \times B = 10\,m \times 9\,m$,内设两个石灰坑($L \times B \times H = 2\,m \times 1\,m \times 1\,m$)及排水沟($B \times H = 0.4\,m \times 0.5\,m$)。

8.5.4.2　加氯间布置

加氯间与氯库合建,用墙隔开,有门相通,加氯间(含值班室)尺寸为: $L \times B = 9\,m \times 3\,m$。

加氯间与氯库的平面布置及工艺流程详见加氯间工艺流程图。

8.5.5　辅助设备

8.5.5.1　起重设备

设备最大质量为350 kg,选用 CD_1 型电动葫芦,型号为 $CD_1 1-6D$,起重量0.5 t,起升高度6 m。

8.5.5.2　通风设备

加氯间与氯库内设置每小时换气12次的通风设备。加氯间尺寸为: $L \times B \times H = 13\,m \times 9\,m \times 5.0\,m$,则排风量为: $13 \times 9 \times 5 \times 12 = 7\,020\,m^3/h$。

选用 BT35—11 型玻璃钢轴流风机两台,装于房间下部(氯气重于空气),一用一备,风机叶轮中心高于地面0.80 m。风机性能参数:流量12 345 m^3/h,叶轮直径630 mm,叶轮转速47.8 m/s,主轴转速1 450 r/min,叶片安装角度20°,配套电机 TY90S-4,功率1.1 kW。

8.6　清水池设计

经过除铁除锰处理后的水进入清水池,清水池可以调节水量的变化并贮存消防用水。此外,在清水池内有利于消毒剂与水充分接触反应,提高消毒效果。

8.6.1　清水池平面尺寸确定

8.6.1.1　清水池的有效容积

清水池的有效容积,包括调节容积、消防贮水量和水厂自用水的调节量。水池的总有效容积由前面计算为 21 700 m^3。其中,地下水水厂清水池容积为 8 954.64 m^3。

8.6.1.2　清水池的平面尺寸

清水池平面尺寸的计算方法同 5.9.1.2 中有关地表水净水厂中清水池的设计计算。设计中取有效水深 $h=4.0$ m,则清水池的面积为

$$A/m^2 = \frac{V_1}{h} = \frac{8\,955}{4} = 2\,238.75$$

设置两个矩形清水池,每池面积为 1 119.38 m³。平面尺寸采用 35 m×32 m,实际总容积为 $1\,120 \times 2 \times 4 = 8\,960$ m³。每座容积为 4 480 m³。

清水池超高 h_1 取 0.5 m,清水池总高 H 为

$$H/m = h_1 + h = 4.0 + 0.5 = 4.5$$

8.6.2　配管及布置

8.6.2.1　进水管

流量为水厂设计流量 $Q=2\,217.6$ m³/h(0.616 m³/s),每池设一根进水管,共 2 根,每根流量 308 L/s。管径 DN600,流速 $v=1.09$ m/s,$1000i=2.51$。

8.6.2.2　出水管

流量按最高日最高时计算 $Q=2\,851.54$ m³/h(0.792 m³/s)。每池设一根出水管至二泵站吸水井。管径 DN600,流速 $v=1.40$ m/s,$1000i=4.08$。

8.6.2.3　溢流管

为了保证溢流畅通,管径与进水管相同,采用 DN600,管上不安装阀门,溢流管出口设置网罩。

清水池需要放空时,将潜水泵置于水池内,不设放空管。

8.6.3　清水池的布置

8.6.3.1　集水坑

出水管从集水坑出水至二泵站吸水井,落差取 1.0 m。

8.6.3.2　导流墙

在清水池内设导流墙,以消除死角,保证氯和水体的接触时间,提高消毒效率以及保护水质。每座清水池内设导流墙 6 条,间距 5.3 m,将清水池分成 7 格。

导流墙底部每隔一段距离开一个清洗排水水孔,尺寸为 100 mm×200 mm。使清水池清洗时排水方便。

8.6.3.3　通风管

为使清水池内进水量适应水位变化,清水池顶设通风管,管径 DN200,管顶高出池顶覆土厚度 ±700 mm,气孔上设防护罩。

8.6.3.4　人孔

为了检修方便,应设置检修孔,孔的尺寸应满足池内管件的进出及人的出入,人孔设

在溢流管和进水管处,便于管道的安装和水池的维护。每池设人孔 3 个,尺寸采用 1 200 mm×1 200 mm。

另外还有扶梯及标杆水位尺等附属设备。

8.7　水厂平面与高程布置

水厂平面与高程布置的内容同地表水净水厂。

8.7.1　水厂平面布置

水厂平面布置的原则等同地表水净水厂。

8.7.2　水厂高程布置

水厂高程布置原则与计算方法同地表水净水厂。

8.7.2.1　管渠水力计算

根据流速要求选择合适管径,进行如下水力计算:

(1) 清水池

取清水池最高水位与地面标高相同,则清水池中最高水位标高为 104.50 m,池面超高 0.5 m,则池顶面标高为 105.00 m(包括顶盖厚 200 mm),有效水深 4.0 m,则水池底部标高为 100.50 m。

(2) 吸水井

清水池到吸水井的管线长 15 m,最大时流量 $Q=578.7$ L/s,设两根管,每根 289.3 L/s,管径DN600,水力坡度 $i=2.24$,$v=1.03$ m/s,沿线设有两个闸阀,进口、出口、局部阻力系数分别为 0.06、1.0、1.0,则管线中水头损失为

$$h = il + \sum \xi \cdot \frac{v^2}{2g} \tag{8.23}$$

式中　　h—— 吸水井到清水池管线的水头损失,m;

i—— 水力坡度,‰;

l—— 管线长度,m;

$\sum \xi$—— 管线上局部阻力系数值之和;

v—— 流速,m/s;

g—— 重力加速度,m/s。

设计中,$v=1.09$ m/s,$i=2.51$,则

$$h/\text{m} = \frac{2.24}{1\ 000} \times 15 + (0.06 + 0.06 + 1.0 + 1.0) \times \frac{1.03^2}{2 \times 9.8} = 0.15$$

因此,吸水井水面标高为 104.35 m,加上超高 0.3 m,吸水井顶面标高为 104.65 m。

(3) 滤池

滤池到清水池之间的管线长为 15 m,设两根管,每根流量为 308 L/s,管径选择 DN600,管中流速 $v=1.09$ m/s,$1\ 000i_1=2.51$,沿线设有两个闸阀,进口和出口局部阻力

系数分别是 0.06、1.0,则水头损失

$$h = il + \sum \xi \cdot \frac{v^2}{2g} \qquad (8.24)$$

式中　h——滤池到清水池管线的水头损失,m;

　　　　i——水力坡度,‰;

　　　　l——管线长度,m;

　　　　$\sum \xi$——管线上局部阻力系数值和;

　　　　v——流速,m/s;

　　　　g——重力加速度,m/s。

设计中,$v = 1.12$ m/s,$1000i = 2.17$,则

$$h/\text{m} = \frac{2.51}{1\,000} \times 15 + (0.06 + 0.06 + 1.0 + 1.0) \times \frac{1.09^2}{2 \times 9.8} = 0.17 \approx 0.20$$

考虑淤积,取 0.5 m。按《室外给水设计规范(GB50013—2006)》,滤池最大作用水头为 $2.0 \sim 2.5$ m,取 2.3 m。

(4) 跌水池

跌水池到滤池管长为 $L = 15$ m,DN600,$v = 1.09$ m/s,$1\,000i_1 = 2.51$,局部阻力有两个闸阀,进口、出口阻力系数分别为 0.06、1.0。

$$h = il + \sum \xi \cdot \frac{v^2}{2g} \qquad (8.25)$$

式中　h——沉淀池到滤池管线的水头损失,m;

　　　　i——水力坡度,‰;

　　　　l——管线长度,m;

　　　　$\sum \xi$——管线上局部阻力系数值之和;

　　　　v——流速,m/s;

　　　　g——重力加速度,m/s。

设计中,$v = 1.09$ m/s,$1000i = 2.51$,即

$$h/\text{m} = \frac{2.51}{1\,000} \times 15 + (0.06 + 0.06 + 1.0 + 1.0) \times \frac{1.09^2}{2 \times 9.8} = 0.17$$

设计中取 $h = 0.20$ m。

8.7.2.2　给水处理构筑物高程计算

清水池最高水位 = 清水池所在地面标高 = 104.50 m

滤池水面标高 = 清水池最高水位 + 清水池到滤池出水连接管渠的水头损失 + 滤池的最大作用水头 = 104.50 + 0.50 + 2.30 = 107.30 m

跌水池水面标高 = 滤池水面标高 + 跌水池至滤池水头损失 + 跌水高度 = 107.30 + 0.20 + 2.0 = 109.50 m

吸水井中最低水位 = 清水池中最低水位 - 清水池至吸水井之间水头损失 = 100.50 - 0.15 = 100.35 m

吸水井中最高水位 = 清水池中最高水位 - 清水池至吸水井之间水头损失 = 104.50 -

0.15＝104.35 m

8.8　本章小结

　　本章完成了地下水净水厂内主要构筑物的设计计算以及水厂平面与高程的布置。首先根据原始资料选定净水厂厂址和工艺流程；然后依次对跌水池、除铁除锰快滤池、加氯间、清水池进行设计计算；最后，对各构筑物进行平面位置和高程的布置，从而完成了净水厂的设计工作。

第 9 章　地下水二泵站设计

9.1　工作制度确定

由于地下水水厂主要供应 A、B、C 三家工厂,而工厂生产用水假定为全天均匀分配,故对城市逐时用水量进行修正,即将供水区域内的生活用水按城市居民生活用水变化系数进行分配,再与工厂的生产、生活用水进行叠加,得到地下水部分的用水量逐时变化曲线。

根据 6.1 所述原则,结合本设计最高日用水变化曲线,确定地下水部分二泵站工作制度如下:

一级工作:供水时间:4:00～22:00,共计 18 个小时;每小时水量占全天用水量的 4.32%,设计工作流量为 2 160 m^3/h,即 600 L/s;

二级工作:供水时间:22:00～4:00,共计 6 个小时;每小时水量占全天用水量的 3.70%,设计工作流量为 1 850 m^3/h,即 513.89 L/s。

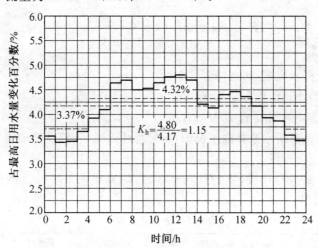

图 9.1　地下水二泵站设计供水线

1—供水量变化曲线;2—二级泵站设计供水曲线

9.2　水泵的选取

9.2.1　扬程的确定

扬程为

$$H = H_{ss} + H_{sd} + \sum h + \sum h_{泵站内} + H_{安全} = Z_c + Z_d + H_0 + \sum h + \sum h_{泵站内} + H_{安全}$$

$$(9.1)$$

式中　　Z_c——泵站地面至设计最不利点地面高差,$Z_c/\text{m} = 104.42 - 104.50 = -0.08$;

$\qquad Z_d$——吸水井最低水位与地面高差,4.2 m(清水池有效水深 4.00 m,清水池至集水井水头损失 0.2 m);

$\qquad H_0$——自由水压,28 m(节点 6、16 层);

$\qquad \sum h$——管网水头损失,0.13 m;

$\qquad \sum h_{泵站内}$——泵站内水头损失,取 2.0 m;

$\qquad H_{安全}$——安全水头,取 1.5 m。

则　　　　　　　$H/\text{m} = 4.2 - 0.08 + 0.13 + 28 + 2 + 1.5 = 35.75$

9.2.2　初选水泵和电机

9.2.2.1　管路特性曲线

管道摩阻 S 为

$$S/(\text{s}^2 \cdot \text{m}^{-5}) = \frac{H - H_{st}}{Q^2} = \frac{\sum h + \sum h_{泵站内}}{Q^2} = \frac{2.13}{2\,083^2} = 4.907\,515 \times 10^{-7}$$

则管路特性曲线为

$$H/\text{m} = H_{st} + SQ^2 = 33.62 + 4.907\,515 \times 10^{-7} Q^2$$

9.2.2.2　选泵

根据各级的扬程和流量,初选两套方案。

方案一:3 台 300S58B 和 2 台 250S39;

方案二:2 台 250S39 和 2 台 200S42A。

各方案地下水二泵站水泵并联工况图:水泵特性曲线、管路特性曲线和水泵工况点见附录26。

对上述两个方案进行比较,主要从水泵台数、效率和水泵扬程浪费几个方面进行分析,比较结果见表9.1。

表 9.1　方案比较表

方案编号	水量变化范围 /(m³·h⁻¹)	运行水泵型号及台数	水泵扬程 /m	管路所需扬程 /m	扬程浪费 /m	水泵效率 /%
方案一	1 878～2 163	2 台 300S58B	35.2～40.9	35.2～35.8	0～5.1	82.5%～82%
2 台		1 台 250S39				82%～81%
250S39	1 375～1 878	1 台 300S58B	34.2～41.8	34.2～35.2	0～6.6	82%～80.8%
2 台		2 台 259S39				81%～79.9%
300S58B	1 200～1 375	1 台 300S58B	34.0～34.2	34.0～34.2	0～5.6	80.8%～80.7%
		1 台 250S39				79.9%～79.8%

续表 9.1

方案编号	水量变化范围 /(m³·h⁻¹)	运行水泵 型号及台数	水泵扬程 /m	管路所需 扬程 /m	扬程浪费 /m	水泵效率 /%
方案二	1 860～2 162	2 台 200S42	35.1～42.0	35.1～35.8	0～6.2	76%～74%
2 台		1 台 350S44				80.5%～79.5%
200S42	1 500～1 860	1 台 200S42	34.5～44.0	34.5～35.1	0～8.9	74%～73%
1 台		2 台 350S44				79.5%～78%
350S44	1 200～1 500	1 台 350S44	34.2～45.0	34.2～34.5	0～10.5	78%～76%

从上表可以看出,在扬程利用和水泵效率方面方案一均好于方案二,逐时水泵台数比方案二多一台,增加了基建投资,但是设计计算证明由于方案一能耗小于方案二,运行费用的节省在几年内就可以抵消增加的基建投资。所以本设计采用方案一。

2 台 300S58B 和 1 台 250S39 并联工作时,其工况点在 L 点,L 点对应的流量和扬程为 2 163 m³/h 和 35.8 m,满足泵站以及设计工作流量的要求。

1 台 300S58B 和 2 台 250S39 并联工作时,其工况点在 M 点,M 点对应的流量和扬程为 1 878 m³/h 和 35.2 m,满足(稍大一些)泵站二级设计工作流量要求。

再选 1 台 300S58B 型水泵备用(泵中稍大者且运行时间最长)。泵站共设 3 台 300S58B 和 2 台 250S39 型水泵。

水泵性能参数见表 9.2。

表 9.2　水泵性能参数表

型号	流量 Q /(m³·h⁻¹)	扬程 H /m	转速 n /(r·min⁻¹)	轴功率 /kW	电动机 型号	功率 /kW
250S39	360	42.5	1 450	54.8	Y280s—4	75
	485	39		62.1		
	612	32.5		68.6		
300S58B	504	47.2	1 450	88.8	Y315M1—4	132
	684	43		100		
	835	37		108		

型号	效率 η /%	气蚀余量 (NPSH)r/m	吸上高度 H_s/m	质量 /kg		
250S39	76	3.2	6	380	—	—
	83					
	79					
300S58B	73	4.4	5.2	809	—	—
	80					
	78					

水泵电机性能参数见表 9.3。

表 9.3　水泵电机性能参数表

电机型号	额定电流 I/A	额定功率 N/kW	转速 $n/(\mathrm{r\cdot min})$	质量 W/kg
Y280s－4	139.7	75	1 480	535
Y315M$_1$－4	242	132	1 480	1 100

水泵的外形尺寸见表 9.4。

表 9.4　水泵外形尺寸表　　　　　　　　　单位:mm

水泵型号	L	L_1	L_2	L_3	B	B_1	B_2
250S39	943.5	512	410	350	890	440	510
300S58B	1073	588	510	450	1 070	530	620
水泵型号	B_3	H	H_1	H_2	H_3	$n-\varphi d$	—
250S39	400	735	450	200	260	4－27	
300S58B	550	855	510	250	310	4－27	

水泵的安装尺寸见表 9.5、9.6。

表 9.5　250S39 型水泵(带底座)安装尺寸表　　　　　　　　　单位:mm

型号	电动机尺寸			底座尺寸(带底座6孔)					
	L_1	h	H	L_1	L_2	L_3	b	b_1	b_2
250S39	1 000	640	280	1 578	250	1 080	540	680	680
型号	E	H_2	L	出口锥管法兰尺寸				—	—
				DN$_3$	D_{03}	D_3	$n_3-\varphi d_3$		
250S39	300	550	1 958	250	350	395	8－23		

表 9.6　300S58B 型水泵(不带底座)安装尺寸表　　　　　　　　　单位:mm

型号	电动机尺寸						E
	L_1	H	h	B	A	$n-\varphi d$	
300S58B	1 270	315	865	560	610	4－28	300
型号	L	L_2	出口锥管法兰尺寸				—
			DN$_3$	D_{03}	D_3	$n_3-\varphi d_3$	
300S58B	2 347	753	300	400	440	12－23	

进口法兰、出口法兰及出口锥管法兰尺寸见表 9.7。

表 9.7　水泵法兰及锥管尺寸表 　　　　单位:mm

水泵型号	进口法兰尺寸			
	DN_1	D_{01}	D_1	$n_1 - \varphi d_1$
250S39	250	350	390	12 — 23
300S58B	300	400	440	12 — 23
水泵型号	出口法兰尺寸			
	DN_1	D_{02}	D_1	$n_2 - \varphi d_2$
250S39	200	295	335	8 — 23
300S58B	250	350	390	12 — 23

9.3　水泵间布置

9.3.1　水泵基础设计

由水泵安装尺寸及电机尺寸表可确定水泵基础如下:

(1)300S58B 型(不带底座)

基础长度

$$L_j/mm = 地脚螺栓间距 + (400 \sim 500) = B + L_2 + L_3 + (400 \sim 500) =$$
$$1\ 070 + 753 + 457 + 420 = 2\ 700$$

基础宽度

$$B_j/mm = 地脚螺栓间距 + (400 \sim 500) = B_3 + (400 \sim 500) =$$
$$550 + 450 = 1\ 000$$

基础高度

$$H_j = \frac{(2.5 \sim 4.0)W}{L_j \times B_j \times \gamma} \tag{9.2}$$

式中　　γ —— 基础材料容重,采用混凝土,$\gamma = 2\ 400\ kg/m^3$;

　　　　W —— 机组总质量,kg,电机质量加水泵质量。

则　$H_j/m = 3.0 \times (809 + 1\ 100)/(2.7 \times 1.0 \times 2\ 400) = 0.88(取\ 0.90\ m)$

300S58B 型水泵混凝土块式基础尺寸为 2.5 m × 1.0 m × 0.9 m。

(2)250S39 型(带底座)

基础长度

$$L_j/mm = 水泵底座长度\ L_1 + (150 \sim 200) = 1\ 578 + 222 = 1\ 800$$

基础宽度

$$B_j/mm = 水泵底座螺孔间距\ B_1 + (150 \sim 200) = 680 + 220 = 900$$

基础高度

$$H_j/mm = 3.0W/(L_j \times B_j \times \gamma) = 3.0 \times (380 + 535)/(1.8 \times 0.9 \times 2\ 400) = 0.70$$

250S39 型水泵混凝土块式基础尺寸为 1.8 m×0.9 m×0.7 m。

9.3.2　水泵平面布置

泵房长度

$$L/\text{m} = 基础长度 + 基础间距 + 基础距墙距离 =$$
$$2.5 \times 3 + 2.0 \times 2 + 2.5 \times 2 + 1.8 + 3.0 + 3.5 = 24.8$$

泵房宽度

$$B = 10.0 \text{ m}$$

9.3.3　吸水管路和压水管路设计

9.3.3.1　吸水管路设计

(1)300S58B 型水泵

吸水管路不允许漏气,采用铸铁管,每台泵单独设置吸水管,吸水管沿水流方向有连续上升的坡度,采用 $i = 0.003$,以避免形成气囊。吸水管 $d_{DN} > 250$ mm,$v = 1.2 \sim 1.6$ m/s。

按一级工作设计,吸水管流量为 230 L/s,选用铸铁管 DN500,$v = 1.17$ m/s,查表知 $1000i = 3.64$。

吸水喇叭口大头直径 $D/\text{mm} = (1.3 \sim 1.5)d = 650 \sim 750$,取 700 mm。

吸水喇叭口长度 $L/\text{mm} \geqslant (3.0 \sim 7.0) \times (D - d) = (3.0 \sim 7.0) \times (700 - 500) = 1\ 000$。

$d_{DN} > 400$ mm,手动阀门启闭困难,故选用 Z945T－10 型电动暗杆楔式闸阀: DN500,$L = 540$ mm,$D = 670$ mm,$W = 775$ kg,电机型号 JO2－32－6T2,单程启闭时间 1.62 min,功率 2.2 kW;选用偏心渐缩管:$D/\text{mm} = 500/300$,$L/\text{mm} = 2(D - d) + 150 = 550$。

(2) 250S39 型水泵

按一级工作设计,吸水管流量为 143.3 L/s,选用铸铁管 DN400,$v_{吸} = 1.14$ m/s,查表知 $1000i = 4.60$。

吸水喇叭口大头直径 $D/\text{mm} = (1.3 \sim 1.5)d = 520 \sim 600$,取 600。

吸水喇叭口长度 $L/\text{mm} \geqslant (3.0 \sim 7.0) \times (D - d) = (3.0 \sim 7.0) \times (600 - 400) = 1\ 000$。

$d_{DN} > 400$ mm,手动阀门启闭困难,故选用 Z445T－10 型电动暗杆楔式闸阀: DN400,$L = 480$ mm,$D = 565$ mm,$W = 573$ kg,电机型号 JO2－32－6T2,单程启闭时间 1.62 min,功率 2.2 kW;选用偏心渐缩管:$D/\text{mm} = 400/250$,$L = 450$ mm。

9.3.3.2　压水管路设计

(1) 300S58B 型水泵

压水管路采用铸铁管,压水管 $d_{DN} > 250$ mm 时,$v = 2.0 \sim 2.5$ m/s。每台水泵设一压水管路,在压水管路上设电动闸阀,为防止泵站内水倒流,设止回阀,为了检修,止回阀后再设一闸阀。各压水管用一条联络管连接,由两条输水管输出,联络管管径应保证一条输水管损坏时能够输出用水量的 70%。

压水管流量为 230 L/s,选用铸铁管 DN400,$v = 1.83$ m/s,查表知 $1000i = 11.8$。

压水管路选用 Z45T－10 型电动暗杆楔式闸阀:DN400,$L = 480$ mm,$D = 565$ mm,$W = 448$ kg,电机型号 JO2－32－6T2,单程启闭时间 1.62 min,功率 2.2 kW,HH44X－10 型微阻缓闭消声蝶式止回阀:DN400,$D = 565$ mm,$L = 820$ mm;选用同心渐扩管:$D/\text{mm} = 250/400$,$L = 450$ mm。

（2）250S39 型水泵

压水管流量为 143.3 L/s,选用铸铁管 DN300,$v = 2.02$ m/s,查表知 $1000i = 21.0$。

压水管路选用 Z45T－10 型电动暗杆楔式闸阀:DN300,$L = 420$ mm,$D = 440$ mm,$W = 356$ kg,电机型号 JO2－32－6T2,单程启闭时间 1.62 min,功率 2.2 kW,HH44X－10 型微阻缓闭消声蝶式止回阀:DN300,$D = 440$ mm,$L = 620$ mm;选用同心渐扩管:$D/\text{mm} = 150/300$,$L = 450$ mm。

联络管为 DN500,设 D941X 型对夹式蝶阀,$L = 127$ mm,$W = 212$ kg。输水管两条,每条流量 300 L/s,选用 DN600,$W = 1\,018$ kg。单条输水管工作故障时,流量为 $70\% \times 600$ L/s $= 420$ L/s,$v = 1.49$ m/s,$1000i = 4.59$。

9.3.4　吸水井设计

离心泵和卧式泵的吸水井设于泵房前,水泵吸水管伸入井内吸水。本设计采用多泵共用一个吸水井,故将吸水井分成两格,中间隔墙上设置连通管和闸门,以便分隔清洗使用。

9.3.4.1　吸水井平面尺寸

吸水井平面尺寸通常由吸水喇叭口间距决定,以 300S58B 型水泵计算。

喇叭口与井壁间净距 $/\text{mm} \geqslant (0.75 \sim 1.0)D = (0.75 \sim 1.0) \times 700(700$ mm$)$

喇叭口间距 $/\text{mm} \geqslant (1.5 \sim 2.0)D = 1\,200$ mm

喇叭口距吸水井井底距离 $/\text{mm} \geqslant 0.8D = 480($取 600 mm$)$

喇叭口淹没水深 $h/\text{m} \geqslant (0.5 \sim 1.0) = 1.0$ m

吸水井总长:$L = 18.4$ m

吸水井总宽:$B = 2 \times 0.7 + 0.7 = 2.1$ m

9.3.4.2　吸水井高程

清水池两根出水管 DN600,长 15 m,总流量 2 400 m³/h,流速 1.18 m/s,$1000i = 2.91$;$\zeta_{进口} = 0.50$,$\zeta_{出口} = 1.0$,$\zeta_{弯头} = 1.05$。水头损失为

$$h/\text{m} = 2.91 \times 15/1\,000 + (0.50 + 1.0 + 2 \times 1.05) \times 1.18^2/19.6 = 0.22$$

吸水井最低水位 $/\text{m} = $ 清水池最低水位 $- h = 104.50 - 4.0 - 0.22 = 100.28$

吸水井最高水位 $/\text{m} = $ 清水池最高水位 $- h = 100.45$

喇叭口最小淹没深度 H_2 一般采用 $0.5 \sim 1.0$ m,取 1.0 m

吸水井底标高 $/\text{m} = 100.28 - 1.0 - 0.6 = 98.68$

吸水井高 /m = 地面标高 − 吸水井底标高 + 超高 = 104.50 − 98.68 + 0.3 = 6.12

9.3.5　水头损失的计算和扬程的校核

9.3.5.1　消防校核

消防时水量:由 3.5.1 得消防时水量为 643.704 L/s(2 317.32 m³/h);

消防时扬程:由 2.6.1 所得消防时所需扬程为 21.12 m;

由水泵特性曲线得流量为 2 317.32 m³/h 时,水泵实际扬程为 32 m,所选水泵符合要求。

9.3.5.2　吸水管路

取最不利管路计算(250S39 型水泵)。

吸水管路总水头损失为

$$\sum h_s = \sum h_{fs} + \sum h_{ls} \tag{9.3}$$

式中　$\sum h_{ls}$——沿程损失,m,$\sum h_{ls}/m = 4 \times 4.60/1\ 000 = 0.02$;

$\sum h_{fs}$——局部损失,m,$\sum h_{fs} = (\zeta_{进口} + \zeta_{弯头} + \zeta_{阀门} + \zeta_{渐扩}) \dfrac{v_{吸}^2}{2g} + \xi_{入口} \dfrac{v_{入口}^2}{2g}$

查设计手册知:$\zeta_{渐扩} = 0.20$,$\zeta_{喇叭口} = 0.10$,$\zeta_{阀门} = 0.06$,$\zeta_{弯头} = 0.96$,$\zeta_{入口} = 1.0$

$$\sum h_{fs}/m = (0.20 + 0.10 + 0.06 + 0.96) \times \frac{1.17^2}{2 \times 9.8} + 1.0 \times \frac{3.25^2}{2 \times 9.8} =$$

$$0.09 + 0.16 = 0.25$$

则　　　　　　　　　　　　$\sum h_s/m = 0.02 + 0.25 = 0.27$

9.3.5.3　压水管路

取最不利管路计算,压水管路水头损失见表 9.8。

表 9.8　压水管路水头损失计算表

名称	管径 DN/mm	数量 / 个	局部阻力系数 ξ	流速 /(m·s⁻¹)	局部阻力 /m
同心渐扩管	200/300	1	0.16	4.55	0.169
闸阀	300	1	0.07	2.02	0.015
止回阀	300	1	3.5	2.02	0.729
闸阀	300	1	0.07	2.02	0.015
三通	300 × 500	1	1.87	2.02	0.389
闸阀	5 600	1	0.06	1.86	0.011
三通	300 × 500	1	1.6	1.86	0.282
闸阀	600	1	0.06	1.31	0.005
总计	—	—	—	—	1.61

压水管路总水头损失为

$$\sum h_{\mathrm{d}} = \sum h_{\mathrm{fd}} + \sum h_{\mathrm{ld}} \tag{9.4}$$

式中　　$\sum h_{\mathrm{ld}}$——沿程损失，m，$\sum h_{\mathrm{ld}}/\mathrm{m} = 2 \times 21.0/1\ 000 + 3 \times 9.3/1\ 000 + 3 \times$

　　　　　　　　$3.56/1\ 000 = 0.08$；

　　　　$\sum h_{\mathrm{fd}}$——局部损失，m。

则　　　　　$\sum h_{\mathrm{d}}/\mathrm{m} = \sum h_{\mathrm{fd}} + \sum h_{\mathrm{ld}} = 0.08 + 1.61 = 1.69$

　　　　　$\sum h_{\mathrm{泵站内}}/\mathrm{m} = \sum h_{\mathrm{s}} + \sum h_{\mathrm{d}} = 0.10 + 1.69 = 1.79$

9.3.5.4　扬程校核

水泵所需扬程为

$$H'_{\mathrm{p}}/\mathrm{m} = Z_{\mathrm{c}} + H_{\mathrm{c}} + \sum h + h_{\mathrm{c}} + h_{\mathrm{n}} + h' =$$
$$-0.27 + 4.2 + 28 + 0.13 + 1.79 + 0.498 =$$
$$34.898 < 35.75$$

所选水泵满足要求。

9.3.6　泵房高程布置

9.3.6.1　水泵最大安装高度

选取 300S58B 型水泵计算。

水泵最大安装高度，即泵轴距水面高度 H_{ss} 为

$$H_{\mathrm{ss}} = H'_{\mathrm{s}} - \frac{v_{\mathrm{入口}}^2}{2g} - \sum h_{\mathrm{s}} \tag{9.5}$$

式中　　H'_{s}——修正后采用的允许吸上真空度，m；

　　　　　　　　$H'_{\mathrm{s}} = H_{\mathrm{s}} - (10.33 - h_{\mathrm{a}}) - (h_{\mathrm{va}} - 0.24)$

　　　　H_{s}——水泵厂给定的允许吸上真空度，5 m；

　　　　h_{a}——安装地点的大气压值，m，取 9.8 m；

　　　　h_{va}——实际水温下的饱和蒸汽压力，m，取 0.43 m。

则　　　　　$H'_{\mathrm{s}}/\mathrm{m} = 5.2 - (10.33 - 9.8) - (0.43 - 0.24) = 4.48$

　　　　　$H_{\mathrm{ss}}/\mathrm{m} = 4.48 - 1.00 - \dfrac{1.17^2}{2g} = 3.41$

考虑长期运行后水泵性能下降和管路阻力增加等，取 $\sum h_{\mathrm{s}}$ 为 1.00 m。

　　　泵轴标高 /m = 吸水井最低水位 + H_{ss} = 100.28 + 3.41 = 103.69

　　　基础顶面标高 /m = 泵轴标高 - 泵轴至基础顶面高度 =

　　　　　　　　泵轴标高 - H_1 = 103.69 - 0.51 = 103.18

　　　进口中心标高 /m = 泵轴标高 - H_2 = 103.69 - 0.25 = 103.44

　　　出口中心标高 /m = 泵轴标高 - H_3 = 103.69 - 0.31 = 103.38

　　泵房地面标高 /m = 基础顶面标高 - 0.20 = 103.18 - 0.2 = 102.98

　　　　　吸水管轴线标高 = 103.34 m

　　　　　　　　压水管轴线标高＝103.38 m

对于 250S39 型水泵各参数为

　　　基础顶面标高 /m＝泵房地面标高＋0.25＝102.98＋0.21＝103.19

泵轴标高 /m＝基础顶面标高＋泵轴至基础顶面高度＝103.19＋0.45＝103.64

　　　水泵进口中心标高 /m＝泵轴标高－H_2＝103.64－0.2＝103.44

　　　水泵出口中心标高 /m＝泵轴标高－H_3＝103.64－0.26＝103.38

　　　　　　吸水管轴线标高＝103.365 m

　　　　　　压水管轴线标高＝103.38 m

9.3.6.2　起重设备

最大起重设备为电机,质量为 1 100 kg,故选用 LX 型电动单梁悬挂起重机,性能参数:最大起重量为 2 t,跨度 11 m,起升高度 9 m;选用 ZDY12－4 型电机,运行速度 20 m/min;配套 CD1 型电动葫芦,起升速度 8 m/min,运行速度 20 m/min;轨道工字钢型号 134a,车轮工作直径 130 mm。

9.3.6.3　泵房筒体高度

泵房高度

$$H = H_1 + H_2 \qquad (9.6)$$

式中　　H_1——泵房地面上高度,m,$H_1 = h_{max} + H' + d + e + h + n$;

　　　　h_{max}——吊车梁底至屋顶高,m,894 mm;

　　　　H'——梁底至起重钩中心高,m,840 mm;

　　　　d——绳长,m,$d = 0.85 B$;

　　　　B——水泵外形宽度,m,1.07 m;

　　　　e——最大一台泵或电机高度,m,0.865 m;

　　　　h——吊起物底部与泵房进口处室内地坪高差,m,车高 1.5 m,取 $h/m = 1.5 + 0.4 = 1.905$;

　　　　n——一般不小于 0.1 m,取 0.2 m;

　　　　则　　$H_1/m = 0.894 + 0.84 + 0.909\ 5 + 0.865 + 1.905 + 0.2 = 5.61$

　　　　H_2——泵房地面下高度,m。

　　　　H_2/m＝泵房外地面标高－泵房内地面标高＝104.50－102.98＝1.52

则　　　　　　$H/m = H_1 + H_2 = 5.61 + 1.52 = 7.13$(取 7.5 m)

9.3.6.4　泵房内标高

(1) 对于 300S58B 型水泵

基础顶面标高＝103.18 m

泵轴标高＝103.69 m

进口中心标高＝103.44 m

出口中心标高＝103.38 m

吸水管轴线标高＝103.34 m

压水管轴线标高＝103.38 m

（2）对于 250S39 型水泵

基础顶面标高＝103.19 m

泵轴标高＝103.64 m

进口中心标高＝103.44 m

出口中心标高＝103.38 m

吸水管轴线标高＝103.365 m

压水管轴线标高＝103.38 m

泵房内地面标高＝102.98 m

泵房下顶面标高＝102.98＋7.50＝110.48 m

泵房上顶面标高＝110.48＋0.30＝110.78 m

9.4　附属设备

9.4.1　采暖

室内计算温度：值班室、控制室采用 16～18 ℃，其他房间采用 6 ℃；室外采用历年的日平均温度。

9.4.2　通风设备

采用自然通风与机械通风相结合。

9.4.3　引水设备

以 300S58B 型水泵计算，本设计采用真空泵引水，其特点是水泵启动快，运行可靠，易于实现自动化。

真空泵排气量 Q_v 为

$$Q_v = K \times \frac{(W_p + W_s) \cdot H_a}{T \cdot (H_a - H_{ss})} \tag{9.7}$$

式中　　K—— 漏气系数，取 1.05～1.10；

W_p—— 泵站内最大一台水泵泵壳内空气容积，相当于水泵吸入口面积乘以吸入口到出水闸阀间的距离，m^3；

$$W_p/m^3 = 0.32 \times 4 \times 3.14/4 = 0.28$$

W_s—— 从吸水井最低水位算起的吸水管中空气容积，m^3；

$$W_s/m^3 = 0.52 \times 15 \times 3.14/4 = 2.94$$

H_a—— 大气压水柱高度，m，取 10.33 m；

H_{ss}—— 离心泵安装高度，m，$H_{ss} = 3.39$ m；

T—— 水泵引水时间，min，一般不小于 5 min，取 3 min，即 0.05 h。

则　　　$Q_v/(m^3 \cdot h^{-1}) = 1.05 \times \dfrac{(0.28 + 2.94) \times 10.33}{0.05 \times (10.33 - 3.41)} = 157.37(2.62 \ m^3/min)$

吸水井最低水位到水泵最高点距离 H 为

$$H/m = 104.035 - 100.28 = 3.755$$

则最大真空度 $H_{max} = 37.55$ kPa。

由上，选用 SZ－2J 型水环式真空泵两台，一用一备，$Q = 3.6$ m³/min，$H = -40.53$ kPa，真空极限压力 -88.5 kPa，质量为 150 kg。配套电动机为 Y132M－4，$P = 7.5$ kW，$r = 1\,450$ r/min。

9.4.4　排水设备

取水泵房的排水量一般在 $20 \sim 40$ m³/h 考虑，排水泵总扬程在 15 m 以内，故选用 50QW40－15－4 型离心泵两台，一备一用，其性能参数：流量 40 m³/h，$H = 15$ m，$n = 1\,440$ r/min，$N = 4$ kW。

集水坑尺寸为 1.5 m $\times 1.5$ m $\times 1.5$ m。

9.4.5　计量设备

安装电磁流量计计量。

9.5　本章小结

本章进行了地下水二泵站的设计计算。该泵站采用二级供水，首先根据城市用水变化曲线的工作制度，并在管网平差计算结果的基础上计算水泵扬程，据此提出两个选泵的方案，通过对扬程浪费情况、水泵效率等方面的比较，选定 3 台 300S58B 和 2 台 250S39 型水泵；然后进行吸水井以及泵房的设计计算，主要包括水泵基础、吸水井尺寸、水泵吸压水管路、泵房平面与高程及辅助设备等。

第 10 章　设计总概算及制水成本

工程建设设计概算是初步设计文件的重要组成部分。概算文件应完整地反映工程初步设计的内容,根据国家建设部门及有关部门的编制依据和建设项目的设计图纸,按当地现行的建筑工程定额、设备安装定额、施工管理费定额、材料预算价格、设备价格、现行工资标准和其他各项费用指标编制。本设计概算主要依据《给水排水设计手册(第 10 册)》中给水工程投资估算指标中的分项指标编制。

10.1　工程概况及设计规模

该工程为华北地区东方市给水工程,采用地表水源和地下水源,主要包括取水工程、净水工程及输配水工程三部分,设计最高日供水量 121 166 m^3/d。

其中,地表水取水工程采用合建式岸边取水泵站,设计取水量 74 725 m^3/d;净水工程采用混凝→沉淀→过滤→消毒的常规处理工艺,设计处理能力 74 725 m^3/d,主要构筑物包括网格絮凝池 4 座(2 组)、斜管沉淀池 2 座、V 型滤池 6 座(2 组)、清水池 2 座及送水泵站 1 座;输配水工程包括原水和清水输水管线和市区配水管网,输水管线采用两条平行管线,配水管网采用环状网。

地下水取水工程采用井群系统,设计取水量 53 286 m^3/d;净水工程采用跌水曝气→除铁→除锰→消毒处理工艺,主要构筑物包括管井 21 眼,圆形跌水池 2 座,除铁及除锰普通快滤池各 6 座,清水池 2 座,送水泵站 1 座;输配水工程同地表水工程。

10.2　工程基建总投资

10.2.1　取水工程

10.2.1.1　地表水取水工程

取水工程采用岸边合建式取水泵站,设计取水量 74 725 m^3/d,泵房与进水间平面形状均为矩形,水泵间平面尺寸 $L \times B = 15.0\ m \times 12.5\ m$,地下部分 8.87 m,地上部分 5.33 m;进水间平面尺寸 $L \times B = 12.0\ m \times 6.9\ m$,高 10.60 m。泵房内设 350S16 水泵 4 台,三用一备,配套电机 Y280S-4。

采用容积指标,根据相似工程,选用容积指标 645 元/m^3,经计算可得取水泵站建筑体积约 2 600 m^3(含值班室和控制室),则

$$建筑安装工程费/万元 = 2 600 \times 645 \times 10^{-4} = 167.7$$

查询设备价格并参考相似工程,设备购置费取 120.0 万元。给水厂站及构筑物工程

建设其他费用费率为 13.47％,基本预备费费率为 10％,则取水工程概算费用(单位:万元)为

$$(167.7+120.0)×1.134\ 7×1.10=359.1$$

10.2.1.2　地下水取水工程

手册中无地下水取水工程分项指标,故选用如下取水工程分项指标,见表 10.1。

表 10.1　取水工程综合指标

指标编号:3B1—1—12

序号	项目名称	单位	地下水深层取水工程 水量 2～10 万 m^3/d
一	建筑安装工程费	元	138～167
二	设备购置费	元	54～65
三	工程建设其他费用	元	26～32
四	预备费	元	22～26
五	总造价指标 用地及设备功率指标	元	240～290
1	用地	m^2	0.11～0.14
2	设备	W	10～16

取水量指标:240 元/m^3

工程水量:53 286 m^3/d

总造价:C_1/万元 $=240×53\ 286×10^{-4}=1\ 278.864$

10.2.2　净水工程

10.2.2.1　地表水净水工程

(1)反应沉淀池

网格絮凝池与斜管沉淀池合建,矩形钢筋混凝土结构,设计水量 74 725 m^3/d,分为两组,每组包括 2 座絮凝池与 1 座沉淀池,每组絮凝池平面尺寸为 $L×B=19.7\ m×7.1\ m$,深 5.0 m,每座沉淀池平面尺寸为 $L×B=19.7\ m×9.3\ m$,深 4.86 m,则每组絮凝沉淀池容积约 1 589.75 m^3,根据相似工程,选用容积指标 850 元/m^3,则

建筑安装工程费/万元 $=2×1\ 589.75×850×10^{-4}=270.26$

参考相似工程,设备购置费取 75.0 万元。给水厂站及构筑物工程建设其他费用费率为 13.47％,基本预备费费率为 10％,则反应沉淀池概算费用(单位:万元)为

$$(270.26+75.0)×1.134\ 7×1.10=430.94$$

(2)V 型滤池

均质滤料、气水反冲洗滤池,设计水量 74 725 m^3/d,设计滤速 8.24 m/h,分为两组,每组三格,总过滤面积 378 m^2。采用水泵供给滤池反冲洗水,设有反冲洗水泵两台,一用一备;鼓风机供给反冲洗空气,设鼓风机 3 台,两用一备。选用过滤面积指标

7 447 元/m²,则

$$建筑安装工程费/万元＝378×7 447×10^{-4}＝281.5$$

参考相似工程,设备购置费取 900 万元。给水厂站及构筑物工程建设其他费用费率为 13.47%,基本预备费费率为 10%,则 V 型滤池概算费用(单位:万元)为

$$(281.5＋900)×1.134 7×1.10＝1 474.73$$

(3)清水池

设有清水池两座,每座清水池平面尺寸为 $L×B＝50.0 \text{ m}×32.0 \text{ m}$,有效水深4.0 m,清水池总容积为 6 400 m³,选用容积指标 380 元/m³,则

$$建筑安装工程费/万元＝6 400×380×10^{-4}＝243.2$$

给水厂站及构筑物工程建设其他费用费率为 13.47%,基本预备费费率为 10%,则清水池概算费用(单位:万元)为

$$243.2×1.134 7×1.10＝303.6$$

(4)吸水井

设有吸水井 1 座,平面尺寸为 $L×B＝21.5 \text{ m}×2.9 \text{ m}$,深 6.38 m,则其容积为 398 m³,选用容积指标 789 元/m³,则

$$建筑安装工程费/万元＝398×789×10^{-4}＝31.43$$

给水厂站及构筑物工程建设其他费用费率为 13.47%,基本预备费费率为 10%,则吸水井概算费用(单位:万元)为

$$31.4×1.134 7×1.10＝39.2$$

(5)二泵站

二泵站设计最高日供水量 74 725 m³/d,最大时供水量 6 195 m³/d,矩形半地下式,水泵间平面尺寸为 $L×B＝27.0 \text{ m}×10.5 \text{ m}$,地下部分深 1.69 m,地上部分高 7.2 m,值班配电室平面尺寸为 $L×B＝10.5 \text{ m}×6.3 \text{ m}$,高 3.7 m,则总建筑体积约 2 776.72 m³。泵房内设 300S58 水泵 5 台(四用一备),配套电机 $JS_2 355M_2－4$。选用容积指标 360 元/m³,则

$$建筑安装工程费/万元＝2 776.72×360×10^{-4}＝99.96$$

参考类似工程,取设备购置费＝185 万元。给水厂站及构筑物工程建设其他费用费率为 13.47%,基本预备费费率为 10%,则二泵站概算费用(单位:万元)为

$$(99.96＋185.0)×1.134 7×1.10＝356.1$$

(6)加药间(含药库)

加药间(含药库、值班室)平面尺寸 $L×B＝20.0 \text{ m}×15.0 \text{ m}$,则加药间总面积约 300 m²。采用计量泵投加药剂,设 JZ630/0.6 型柱塞计量泵三台,两用一备。选用面积指标 1 200 元/m³,则

$$建筑安装工程费/万元＝300×1 200×10^{-4}＝36$$

参考类似工程,取设备购置费＝20 万元。给水厂站及构筑物工程建设其他费用费率为 13.47%,基本预备费费率为 10%,则加药间概算费用(单位:万元)为

$$(36＋20.0)×1.134 7×1.10＝69.9$$

(7)加氯间(含氯库) 投氯间(含值班室)平面尺寸 $L×B＝4.1 \text{ m}×3 \text{ m}$,氯库平面尺

寸为 $L \times B = 10.3 \text{ m} \times 9.5 \text{ m}$,则加氯间总面积约 146 m^2。加氯间选用 JK—2 型加氯机 3 台,两用一备,500 kg 氯瓶 10 个。选用面积指标 1 100 元/m^3,则

$$\text{建筑安装工程费/万元} = 146 \times 1 100 \times 10^{-4} = 16.1$$

参考类似工程,取设备购置费 $=20$ 万元。给水厂站及构筑物工程建设其他费用费率为 13.47%,基本预备费费率为 10%,则加氯间概算费用(单位:万元)为

$$(16.1 + 20.0) \times 1.134 7 \times 1.10 = 45.1 \text{ 万元}$$

则地表水净水工程总造价(单位:万元)为

$$430.94 + 1 474.73 + 303.6 + 39.2 + 356.1 + 69.9 + 44.1 = 2 718.57$$

10.2.2.2　地下水净水工程

(1)跌水池

跌水池共 2 座,圆形,总设计水量 53 286 m^3/d,一级跌水高度 0.4 m,二级跌水高度 1.4 m,共计 1.8 m。一级圆形溢流堰直径 3 m,二级为 5 m。参考类似工程,取面积指标 500 元/m^3,则

$$\text{建筑安装工程费/万元} = 10 \times 500 \times 10^{-4} = 0.5$$

则跌水池概算费用(单位:万元)为

$$0.5 \times 1.134 7 \times 1.10 = 0.6$$

(2)普通快滤池

除铁锰快滤池采用相同的布置。普通快滤池设计水量 53 286 m^3/d,设计滤速 8.0 m/h,分为两组,每组 4 格,总过滤面积 280 m^2。采用水泵供给滤池反冲洗水,设有反冲洗水泵两台,一用一备。选用过滤面积指标 9 250 元/m^2,则

$$\text{建筑安装工程费/万元} = 280 \times 2 \times 9 250 = 518$$

参考相似工程,设备购置费取 190 万元。给水厂站及构筑物工程建设其他费用费率为 13.47%,基本预备费费率为 10%,则滤池概算费用(单位:万元)为

$$(518 + 190) \times 1.134 7 \times 1.10 = 883.7$$

(3)清水池

设有清水池两座,每座清水池平面尺寸为 $L \times B = 35.0 \text{ m} \times 32.0 \text{ m}$,有效水深 4.0 m,清水池容积总容积为 4 480 m^3,选用容积指标 340 元/m^3,则

$$\text{建筑安装工程费/万元} = 4 480 \times 340 \times 10^{-4} = 152.3$$

给水厂站及构筑物工程建设其他费用费率为 13.47%,基本预备费费率为 10%,则清水池概算费用(单位:万元)为

$$152.3 \times 1.134 7 \times 1.10 = 190.1$$

(4)吸水井

设有吸水井 1 座,平面尺寸为 $L \times B = 18.4 \text{ m} \times 2.1 \text{ m}$,深 6.12 m,则其容积为 450 m^3,选用容积指标 789 元/m^3,则

$$\text{建筑安装工程费/万元} = 450 \times 1 789 \times 10^{-4} = 35.5$$

给水厂站及构筑物工程建设其他费用费率为 13.47%,基本预备费费率为 10%,则吸水井概算费用(单位:万元)为

$$35.5 \times 1.134 7 \times 1.10 = 44.3$$

（5）二泵站

二泵站设计最高日供水量 53 286 m³/d，矩形半地下式，水泵间平面尺寸为 $L \times B = 24.8$ m$\times 10.0$ m，地下部分深 1.52 m，地上部分高 5.61 m，值班配电室平面尺寸为 $L \times B = 12.0$ m$\times 4.0$ m，高 5.0 m，则总建筑体积约 2 008.24 m³。泵房内设 300S58B 水泵 3 台，配套电机 Y315M$_1$－4。250S39 水泵 2 台，配套电机为 Y280S－4。选用容积指标 440 元/m³，则

$$建筑安装工程费/万元 = 2\ 008.24 \times 440 \times 10^{-4} = 88.36$$

参考类似工程，取设备购置费＝115 万元。给水厂站及构筑物工程建设其他费用费率为 13.47%，基本预备费费率为 10%，则二泵站概算费用（单位：万元）为

$$(88.36 + 115) \times 1.134\ 7 \times 1.10 = 253.83$$

（6）加氯间（含氯库、值班室）平面尺寸 $L \times B = 9$ m$\times 3$ m，氯库平面尺寸为 $L \times B = 10.0$ m$\times 9.0$ m，则加氯间总面积约 120 m²。加氯间 REGAL220 型真空加氯机 3 台，两用一备；350 kg 氯瓶 10 个。选用面积指标 900 元/m³，则

$$建筑安装工程费/万元 = 120 \times 900 \times 10^{-4} = 13.2$$

参考类似工程，取设备购置费＝20 万元。给水厂站及构筑物工程建设其他费用费率为 13.47%，基本预备费费率为 10%，则加氯间概算费用（单位：万元）为

$$(13.2 + 20.0) \times 1.134\ 7 \times 1.10 = 41.4$$

则地下水净水工程总造价（单位：万元）为

$$0.6 + 883.7 + 190.1 + 44.3 + 253.83 + 41.4 = 1\ 413.93$$

那么，净水工程总造价 C_2/万元 $= 2\ 718.57 + 1\ 413.93 = 4\ 132.50$。

10.2.3　输水工程

由原始资料可知，东方市的冰冻线为地面下 0.9 m，取管道覆土厚度为 2.0 m；因地下水位 5.8 m，土质为亚黏土，施工条件可视为干土，无暂存土；输水管采用球墨铸铁管，承插式接口，施工地为非建成区。输水工程造价计算见表 10.2。管道工程造价为

$$C = el \tag{10.1}$$

式中　C——管道工程造价，元；

　　　e——单位管道工程造价，元/m；

　　　l——管道长度，m。

表 10.2　输水工程造价计算表

管道性质	规格/mm	建筑安装工程费/[元·(100 m)⁻¹]	管长/m	估算价值				
				建筑安装工程费/元	设备购置费/元	工程建设其他费/元	基本预备费/元	合计/万元
一泵站至水厂	700	192 217	1 000	1 922 170	0	158 386.81	208 055.68	228.86
二泵站至管网	800	230 756	700	1 615 292	0	133 100.06	174 839.21	192.32

续表 10.2

管道性质	规格/mm	建筑安装工程费/[元·(100 m)⁻¹]	管长/m	估算价值				
				建筑安装工程费/元	设备购置费/元	工程建设其他费/元	基本预备费/元	合计/万元
井群连接管路	200	36 458	250	91 145	0	7 510.35	9 865.53	10.85
	300	57 722	3 300	1 904 826	0	156 957.66	206 178.37	226.8
	400	91 182	1 830	1 668 630.6	0	137 495.16	180 612.58	198.67
	500	126 154	1 844	2 326 279.76	0	191 685.45	251 796.52	276.98
	600	154 984	20	30 996.8	0	2 554.14	3 355.09	3.69
二泵站至管网	600	154 984	1 100	170 482 400	0	140 477.5	184 530.15	202.98
总计				1 341.15 万				

注：由于一泵站到水厂以及二泵站至管网的管道为两条,故管长需要乘以 2。

10.2.4　配水工程

过河过铁路管段要求抗震防腐,采用钢管,接口焊接。其余采用球墨铸铁管,橡胶圈承插接口。取过河过铁路的管道工程建筑安装工程费是相同条件下不穿铁路管道造价的3倍。根据管道直径和上述条件查《估算指标》,采用适用于整个管网的管道覆土厚度为2 m的综合指标,采用橡胶圈承插球墨铸铁管,无暂存土、干土,施工地位于建成区,求得管网工程造价见表10.3。

表 10.3　配水工程总造价计算表

管道性质	规格/mm	建筑安装工程费/[元·(100 m)⁻¹]	管长/m	估算价值				
				建筑安装工程费/元	设备购置费/元	工程建设其他费/元	基本预备费/元	合计/万元
一般性质管道	150	29 851	2 853	851 649.03	0	70 175.88	92 182.49	101.4
	200	36 458	5 016	1 828 733.3	0	150 687.62	197 942.09	217.74
	300	57 722	7 274	4 198 698.3	0	345 972.74	454 467.1	499.91
	400	91 182	8 542	7 788 766.4	0	641 794.35	843 056.08	927.36
	500	126 154	1 865	2 352 772.1	0	193 868.42	254 664.05	280.13
	600	154 984	5 004	7 755 399.4	0	639 044.91	839 444.43	923.39
	700	192 217	3 835	7 371 522	0	607 413.41	797 893.54	877.68
	800	230 756	1 670	3 853 625.2	0	317 538.72	417 116.39	458.83
	900	278 012	2 760	7 673 131.2	0	632 266.01	830 539.72	913.59
穿铁路管道	800	692 268	20	138 453.6	0	11 408.58	14 986.22	16.48
	300	173 166	20	34 633.2	0	2 853.78	3 748.7	4.12
	300	173 166	20	34 633.2	0	2 853.78	3 748.7	4.12
总计				5 224.75 万				

注：穿铁路管道造价为正常管道造价的 3 倍。

10.2.5　固定资产投资

$$C/万元 = C_1 + C_2 + C_3 + C_4 = 1\ 278.864 + 4\ 132.50 + 1\ 341.15 + 5\ 224.75 = 11\ 977.264$$

10.3　年经营费用与单位制水成本

10.3.1　年经营费用

10.3.1.1　水资源费 E_1

$$E_1 = Q \cdot C \cdot 365 / K_d \tag{10.2}$$

式中　Q—— 设计流量，m^3/d；

　　　C—— 水资源费，元$/m^3$，地表水取 0.3 元$/m^3$，地下水取 0.4 元$/m^3$；

　　　K_d—— 日变化系数，取 1.4。

地表水水资源费 $E_{11}/(万元 \cdot 年^{-1}) = 74\ 725 \times 0.3 \times 10^{-4} \times 365/1.4 = 584.46$

地下水水资源费 $E_{12}/(万元 \cdot 年^{-1}) = 53\ 286 \times 0.4 \times 10^{-4} \times 365/1.4 = 555.70$

则总水资源费 $E_1/(万元 \cdot 年^{-1}) = 584.46 + 555.70 = 1\ 140.16$

10.3.1.2　动力费用 E_2

$$E_2 = 24 \cdot 365 \cdot \gamma \cdot e \frac{Q \cdot H_p}{360 \cdot \eta \cdot K_d} \tag{10.3}$$

式中　Q—— 最高日平均流量，m^3/h；

　　　γ—— 供水能量变化系数，一泵站取 1.0，二泵站取 0.4；

　　　e—— 电费单价，元$/(kW \cdot h)$，取 0.50 元$/(kW \cdot h)$；

　　　H_p—— 泵站总扬程，m，地表水一泵站取 20 m，地表水二泵站为 52 m，地下水深井泵取 36 m，地下水二泵站为 36 m；

　　　η—— 电机效率，取 0.7；

　　　K_d—— 日变化系数，取 1.4。

地表水一泵站动力费用为

$E'_{21}/(万元 \cdot 年^{-1}) = 24 \times 365 \times 1 \times 0.50 \times 3\ 113.54 \times 20 \times 10^{-4}/(360 \times 0.7 \times 1.4) = 73.44$

地表水二泵站动力费用为

$E'_{21}/(万元 \cdot 年^{-1}) = 24 \times 365 \times 0.4 \times 0.50 \times 3\ 113.54 \times 52 \times 10^{-4}/(360 \times 0.7 \times 1.4) = 80.40$

$E_{21}/(万元 \cdot 年^{-1}) = E'_2 + E''_2 = 122.75 + 131.87 = 254.62$

地下水井群动力费用为

$E'_{22}/(万元 \cdot 年^{-1}) = 24 \times 365 \times 1 \times 0.50 \times 2\ 220 \times 36 \times 10^{-4}/(360 \times 0.7 \times 1.4) = 99.22$

地下水二泵站动力费用为

$$E''_{22}/(万元 \cdot 年^{-1}) = 24 \times 365 \times 0.4 \times 0.50 \times 2\,220 \times 36 \times 10^{-4}/(360 \times 0.7 \times 1.4) = 79.38$$

$$E_{22}/(万元 \cdot 年^{-1}) = E'_{22} + E''_{22} = 99.22 + 79.38 = 178.6$$

则总动力费用 $E_2/(万元 \cdot 年^{-1}) = E_{21} + E_{22} = 254.62 + 178.6 = 433.22$

10.3.1.3　药剂费 E_3

$$E_3 = \frac{365 \cdot Q \cdot (a_1 \cdot b_1 + a_2 \cdot b_2 + a_3 \cdot b_3)}{10^6 \cdot Kd} \tag{10.4}$$

式中　　a_1—— 混凝剂平均投加量,40 mg/L;

b_1—— 混凝剂单价,元/t,420 元/t;

a_2—— 消毒剂平均投加量,mg/L,1.0 mg/L;

b_2—— 消毒剂单价,元/t,560 元/t;

a_3—— 药剂平均投加量,mg/L,1 mg/L;

b_3—— 药剂单价,元/t,9 000 元/t。

地表水部分

$$E_{31}/(万元 \cdot 年^{-1}) = \frac{365 \times 74\,725 \times (40 \times 420 + 1.0 \times 560 + 1 \times 9\,000) \times 10^{-4}}{10^6 \times 1.4} = 51.3$$

地下水部分

$$E_{32}/(万元 \cdot 年^{-1}) = \frac{365 \times 53\,286 \times 1.0 \times 560 \times 10^{-4}}{10^6 \times 1.4} = 0.78$$

则　　　　　　　　$E_3/(万元 \cdot 年^{-1}) = 51.3 + 0.78 = 52.08$

10.3.1.4　工资福利费 E_4

$$E_4 = A \cdot N \tag{10.5}$$

式中　　A—— 职工每人每年工资福利费,万元/年,取 1.5 万元/年;

N—— 职工总数,取 160 人,两种水源分别为 100 人和 60 人。

$$E_4/(万元 \cdot 年^{-1}) = 1.5 \times 160 = 240$$

10.3.1.5　折旧提成费 E_5

$$E_5 = S \cdot P \tag{10.6}$$

式中　　S—— 固定资产总值,万元/年,取基建费用的 80%;

P—— 综合折旧提成率,包括基建折旧率 2.1%,大修率 1.5%,一般采用 3.6%。

$$E_5/(万元 \cdot 年^{-1}) = 10\,826.204 \times 80\% \times 3.6\% = 311.79$$

10.3.1.6　大修和检修维护费用 E_6

$$E_6/(万元 \cdot 年^{-1}) = K \cdot 1\% = 10\,799.9 \times 1\% = 108.00$$

10.3.1.7　其他费用 E_7

$$E_7/(万元 \cdot 年^{-1}) = (E_1 + E_2 + E_3 + E_4 + E_5 + E_6) \times 0.1 =$$

$$(1\,140.16 + 433.22 + 52.08 + 240 + 311.79 + 108.00) \times 0.1 =$$

$$228.5$$

10.3.2 单位制水成本

年经营费为

$$\sum E/(万元 \cdot 年^{-1}) = E_1 + E_2 + E_3 + E_4 + E_5 + E_6 + E_7 =$$
$$1\ 140.16 + 433.22 + 52.08 + 240 + 311.79 + 108.00 +$$
$$228.5 = 2\ 513.73$$

年制水量为

$$\sum Q/(万\ m^3 \cdot 年^{-1}) = 365 \times 121\ 166 \times 10^{-4}/1.4 = 3\ 158.97$$

单位制水成本为

$$t/(元 \cdot m^{-3}) = \frac{\sum E}{\sum Q} = \frac{2\ 513.73}{3\ 158.97} = 0.80$$

其中,地表水为

$$t_1/(元 \cdot m^{-3}) = \frac{\sum E}{\sum Q} = \frac{1\ 520.14}{1\ 948.19} = 0.78$$

地下水为

$$t_2/(元 \cdot m^{-3}) = \frac{\sum E}{\sum Q} = \frac{993.59}{1\ 210.78} = 0.82$$

10.3.3 年折算费用

年折算费用为

$$W = \frac{C}{t} + M \qquad\qquad (10.7)$$

式中　　W——年折算费用,万元;

　　　　C——总投资,万元;

　　　　M——年经营费,万元;

　　　　t——投资回收期,年,取 15 年。

$$W/(万元 \cdot 年^{-1}) = \frac{11\ 977.264}{15} + 2\ 494.18 = 3\ 292.66$$

10.4 本章小结

　　本章在完成给水系统各部分设计计算的基础上进行工程总概算和制水成本的估计。经过工程概算和年经营费用估算,最终确定工程总造价为 10 826.204 万元,平均单位制水成本 0.80 元/m³,其中地表水为 0.78 元/m³,地下水 0.85 元/m³。投资回收期按 15 年计的年折算费用为 3 292.66 万元。

结　　论

　　本设计为华北地区东方市的给水工程设计,包括取水工程、净水工程以及输配水工程。设计计算依据为东方市的自然条件、人口、城区规划等实际情况,以及《室外给水设计规范(GB50013—2006)》。从供水方案的选择、水处理工艺的确定到泵站的设计计算,力求经济合理、切实可行。

　　本设计取用城市西南的上游地表水以及北部的地下水作为水源,形成多水源供水系统。地表水部分,取水工程采用合建式岸边取水构筑物。原水水质较好,采用高锰酸钾预氧化及常规水处理工艺。原水一次经过网格絮凝池、斜管沉淀池、V型滤池和液氯消毒,最终由二泵站 A 输送至城市管网。地下水部分采用井群取水,原水经跌水曝气、普通快滤池除铁除锰后,由二泵站 B 送至城市管网。管网采用环状网,生活、生产和消防用水统一供给。

　　本工程采用集散自动控制系统,保证整个给水系统运行安全稳定,满足用户的用水需求。经过工程概算和年经营费用估算,确定工程总造价为 10 826.204 万元,平均单位制水成本 0.80 元/m³,其中地表水为 0.78 元/m³,地下水 0.82 元/m³。投资回收期按 15 年计的年折算费用为 3 292.66 万元。

附　　录

附录 1　统一供水方案水量计算表

时间	居住生活用水 变化系数	居住生活用水 用水量/m³	A厂 高温车间 变化系数	A厂 高温车间 用水量/m³	A厂 一般车间 变化系数	A厂 一般车间 用水量/m³	A厂 冰浴用水/m³	A厂 生产用水/m³	B厂 高温车间 变化系数	B厂 高温车间 用水量/m³	B厂 一般车间 变化系数	B厂 一般车间 用水量/m³	B厂 冰浴用水/m³	B厂 生产用水/m³	C厂 高温车间 变化系数	C厂 高温车间 用水量/m³	C厂 一般车间 变化系数	C厂 一般车间 用水量/m³	C厂 冰浴用水/m³	C厂 生产用水/m³	火车站用水量/m³	道路/m³	绿地/m³	公园/m³	未预见水量/m³	小时用水量/m³	占总水量百分数/%
0—1	1.14	715.008	12.50	0.612	12.50	0.656	10.80	500.00	12.50	0.525	12.50	0.875	10.40	625.00	12.50	0.525	12.50	0.566	8.40	333.33	83.34				841.438	3 131.475	2.58
1—2	0.85	533.120	12.50	0.612	12.50	0.656		500.00	12.50	0.525	12.50	0.875		625.00	12.50	0.525	12.50	0.562		333.33	83.33				841.430	2 919.965	2.41
2—3	0.93	583.296	12.50	0.612	12.50	0.656		500.00	12.50	0.525	12.50	0.875		625.00	12.50	0.525	12.50	0.562		333.34	83.33				841.430	2 970.151	2.45
3—4	1.42	890.624	12.50	0.612	12.50	0.656		500.00	12.50	0.525	12.50	0.875		625.00	12.50	0.525	12.50	0.562		333.33	83.34		295.38		841.438	3 572.867	2.95
4—5	2.83	1 774.976	12.50	0.612	12.50	0.656		500.00	12.50	0.525	12.50	0.875		625.00	12.50	0.525	12.50	0.562		333.33	83.33	179.4			841.430	4 341.221	3.58
5—6	3.92	2 458.624	12.50	0.612	12.50	0.656		500.00	12.50	0.525	12.50	0.875		625.00	12.50	0.525	12.50	0.562		333.34	83.33				841.430	4 845.479	4.00
6—7	6.28	3 938.816	12.50	0.612	12.50	0.656		500.00	12.50	0.525	12.50	0.875		625.00	12.50	0.525	12.50	0.562		333.33	83.34			103.05	841.438	6 428.729	5.31
7—8	6.71	4 208.512	12.50	0.616	12.50	0.658		500.00	12.50	0.525	12.50	0.875		625.00	12.50	0.525	12.50	0.562		333.33	83.33				841.430	6 595.363	5.44
8—9	5.55	3 480.960	12.50	0.875	12.50	0.938	16.00	500.00	12.50	0.787	12.50	1.316	15.60	625.00	12.50	0.525	12.50	0.566	8.40	333.34	83.34				841.430	5 909.067	4.88
9~10	5.96	3 738.112	12.50	0.875	12.50	0.938		500.00	12.50	0.787	12.50	1.312		625.00	12.50	0.525	12.50	0.562		333.33	83.33				841.438	6 126.219	5.06
10—11	6.18	3 876.096	12.50	0.875	12.50	0.938		500.00	12.50	0.787	12.50	1.312		625.00	12.50	0.525	12.50	0.562		333.33	83.33	179.4			841.430	6 443.585	5.32
11—12	7.01	4 396.672	12.50	0.875	12.50	0.938		500.00	12.50	0.787	12.50	1.312		625.00	12.50	0.525	12.50	0.562		333.34	83.34				841.430	6 784.771	5.60
12—13	7.21	4 522.112	12.50	0.875	12.50	0.938		500.00	12.50	0.787	12.50	1.312		625.00	12.50	0.525	12.50	0.562		333.33	83.33				841.438	6 910.219	5.70
13—14	6.34	3 976.448	12.50	0.875	12.50	0.938		500.00	12.50	0.787	12.50	1.312		625.00	12.50	0.525	12.50	0.562		333.33	83.33		295.38		841.430	6 659.917	5.50
14—15	4.49	2 816.128	12.50	0.875	12.50	0.934		500.00	12.50	0.791	12.50	1.312		625.00	12.50	0.525	12.50	0.562		333.34	83.34				841.430	5 204.227	4.30
15—16	4.15	2 602.880	12.50	0.612	12.50	0.656		500.00	12.50	0.525	12.50	0.875		625.00	12.50	0.525	12.50	0.562		333.33	83.33				841.438	4 990.987	4.12
16—17	5.08	3 186.176	12.50	0.612	12.50	0.656	10.80	500.00	12.50	0.525	12.50	0.875	10.40	625.00	12.50	0.525	12.50	0.566	8.40	333.33	83.33				841.430	5 602.625	4.62
17—18	5.62	3 524.864	12.50	0.612	12.50	0.656		500.00	12.50	0.525	12.50	0.875		625.00	12.50	0.525	12.50	0.562		333.34	83.33				841.430	5 911.719	4.88
18—19	5.21	3 267.712	12.50	0.612	12.50	0.656		500.00	12.50	0.525	12.50	0.875		625.00	12.50	0.525	12.50	0.562		333.33	83.34				841.438	5 654.575	4.67
19—20	4.35	2 728.320	12.50	0.612	12.50	0.656		500.00	12.50	0.525	12.50	0.875		625.00	12.50	0.525	12.50	0.562		333.34	83.33				841.430	5 115.175	4.22
20—21	3.21	2 013.312	12.50	0.612	12.50	0.656		500.00	12.50	0.525	12.50	0.875		625.00	12.50	0.525	12.50	0.562		333.33	83.33				841.430	4 400.157	3.63
21—22	2.93	1 837.696	12.50	0.612	12.50	0.656		500.00	12.50	0.525	12.50	0.875		625.00	12.50	0.525	12.50	0.562		333.33	83.34				841.438	4 224.559	3.49
22—23	1.56	978.432	12.50	0.612	12.50	0.656		500.00	12.50	0.525	12.50	0.875		625.00	12.50	0.525	12.50	0.562		333.34	83.33				841.430	3 365.287	2.78
23—24	1.07	671.104	12.50	0.616	12.50	0.658		500.00	12.50	0.525	12.50	0.875		625.00	12.50	0.525	12.50	0.562		333.33	83.33				841.430	3 057.955	2.52
总计	100	62 720		16.800		18.000	37.6	12 000		14.7		24.500	36.4	15 000		12.6		13.5	25.2	8 000	2 000	358.8	590.76	103.05	20 194.3	121 166.29	100

附录 2　统一供水方案清水池容积计算表

最高日每小时用水量 /(m³·h⁻¹)	占总量百分数/%	一泵站供水曲线/%	清水池调节容积/%
3 131.475	2.58	4.17	−1.59
2 919.965	2.41	4.17	−1.76
2 970.151	2.45	4.16	−1.71
3 572.867	2.95	4.17	−1.22
4 341.221	3.58	4.17	−0.59
4 845.479	4.00	4.16	−0.16
6 428.729	5.31	4.17	1.14
6 595.363	5.44	4.17	1.27
5 909.067	4.88	4.16	0.72
6 126.219	5.06	4.17	0.89
6 443.585	5.32	4.17	1.15
6 784.771	5.60	4.16	1.44
6 910.219	5.70	4.17	1.53
6 659.917	5.50	4.17	1.33
5 204.227	4.30	4.16	0.14
4 990.987	4.12	4.17	−0.05
5 602.625	4.62	4.17	0.45
5 911.719	4.88	4.16	0.72
5 654.575	4.67	4.17	0.50
5 115.175	4.22	4.17	0.05
4 400.157	3.63	4.16	−0.53
4 224.559	3.49	4.17	−0.68
3 365.287	2.78	4.17	−1.39
3 057.955	2.52	4.16	−1.64
121 166.294	100	100	11.33

附录 3　统一供水方案沿线流量计算表

管段号	管段长度/m	布水系数	计算长度/m	沿线流量/(L·s⁻¹)	比流量/(L·s⁻¹·m⁻¹)
1—2	1 920	1	1 920	112.685	
2—3	550	1	550	32.279	
1—7	1 160	1	1 160	68.080	
7—8	1 600	1	1 600	93.904	
8—3	715	1	715	41.963	
3—4	1 010	—	298	17.490	$q_{sⅠ}=0.0587$
8—9	1 890	1	1 890	110.924	
9—10	1 135	—	560	32.866	
9—17	2 450	1	2 450	143.790	
17—18	623	—	180	10.564	
4—14	1 128	1	1 128	43.968	
4—5	980	1	980	38.199	
14—15	980	1	980	38.199	
5—15	1 128	1	1 128	43.968	
4—10	1 150	1	1 150	44.826	
10—11	770	0.5	385	15.007	
11—12	210	0.5	105	4.093	$q_{sⅡ}=0.0390$
5—12	1 150	1	1 150	44.826	
15—16	920	1	920	35.861	
5—6	920	1	920	35.861	
6—16	1 128	1	1 128	43.968	
12—13	920	0.5	460	17.930	
6—13	1 150	1	1 150	44.826	
10—18	1 720	1	1 720	54.643	
18—19	1 090	1	1 090	34.628	
11—19	1 010	1	1 010	32.087	
10—11	770	0.5	385	12.231	
19—20	548	1	548	17.410	
18—24	1 570	1	1 570	49.878	
20—24	1 100	1	1 100	34.946	
11—12	210	0.5	105	3.336	$q_{sⅢ}=0.0318$
12—13	920	0.5	460	14.614	
20—21	548	1	548	17.410	
13—21	1 460	1	1 460	46.383	
21—22	455	—	385	12.231	
22—23	484	0.5	242	7.688	
23—25	534	0.5	267	8.482	

附录 4 统一供水方案节点流量计算表

节点编号	集中流量/(L·s^{-1})	沿线流量转化为节点流量/(L·s^{-1})	节点流量/(L·s^{-1})
1		1/2(112.684+68.080)	90.344
2	23.148	1/2(112.685+32.279)	95.592
3		1/2(32.279+17.490+41.963)	45.828
4		1/2(43.968+38.199+41.963+17.49)	72.204
5		1/2(38.199+43.968+44.826+35.861)	81.389
6		1/2(43.968+44.826+35.861)	62.290
7		1/2(68.080+93.904)	80.954
8		1/2(93.904+41.963+110.924)	123.358
9		1/2(110.924+32.866+143.790)	143.752
10		1/2(32.868+44.826+27.238+54.643)	79.749
11		1/2(27.238+7.429+32.087)	33.339
12		1/2(7.429+44.826+32.544)	42.362
13		1/2(32.544+44.826+46.383)	61.839
14		1/2(43.968+38.199)	41.046
15		1/2(38.199+35.861+43.968)	58.976
16		1/2(35.861+43.968)	39.877
17		1/2(143.79+10.564)	77.139
18		1/2(10.564+54.643+49.878+34.628)	74.819
19		1/2(34.628+32.087+17.410)	42.025
20		1/2(17.410+17.410+34.946)	34.845
21		1/2(17.410+46.383+12.231)	37.974
22	92.894	1/2(12.231+7.688)	102.816
23	174.194	1/2(7.688+8.482)	182.241
24		1/2(49.878+34.946+27.830)	56.289
25	139.392	1/2(8.482+27.830)	157.510

附录 5　统一供水方案初分流量、初拟管径信息图

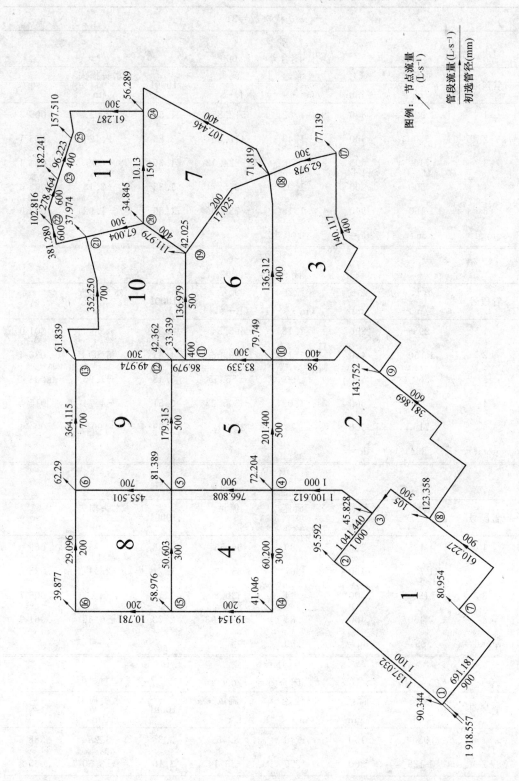

图例：节点流量（L·s⁻¹）

$$\frac{管段流量(\mathrm{L\cdot s^{-1}})}{初选管径(\mathrm{mm})}$$

附录6　统一供水方案最高时平差结果

迭代次数＝31

环号＝　1

闭合差＝　.000

管段号	管长 /m	管径 /mm	流速 /(m·s⁻¹)	流量 /(L·s⁻¹)	1000I	水头损失 /m	sq
1	1 920	800	1.02	512.85	1.53	2.93	.005 7
2	550	600	1.48	417.26	3.86	2.12	.005 1
3	715	600	.79	−224.12	1.39	−.99	.004 4
4	1 600	900	1.03	−655.71	1.33	−2.13	.003 3
5	1 160	900	1.16	−736.66	1.66	−1.92	.002 6
sqtotal＝	.864	dq＝	.00				

环号＝　2

闭合差＝−.002

管段号	管长 /m	管径 /mm	流速 /(m·s⁻¹)	流量 /(L·s⁻¹)	1000I	水头损失 /m	sq
1	298	800	1.18	595.54	2.02	.60	.001 0
2	1 150	400	1.11	140.06	4.43	5.09	.036 4
3	560	300	.80	−56.55	3.48	−1.95	.034 4
4	1 890	600	1.09	−308.23	2.51	−4.74	.015 4
5	715	600	.79	224.12	1.39	.99	.004 4
sqtotal＝	.864	dq＝	.00				

环号＝　3

闭合差＝−.003

管段号	管长 /m	管径 /mm	流速 /(m·s⁻¹)	流量 /(L·s⁻¹)	1000I	水头损失 /m	sq
1	1 135	300	.80	56.55	3.48	3.95	.069 8
2	1 720	400	.67	83.73	1.71	2.94	.035 1
3	180	300	.44	−30.80	1.15	−.21	.006 7
4	2 450	400	.86	−107.93	2.73	−6.68	.061 9
sqtotal＝	.691	dq＝	.00				

环号＝　4

闭合差＝　.000

管段号	管长 /m	管径 /mm	流速 /(m·s⁻¹)	流量 /(L·s⁻¹)	1000I	水头损失 /m	sq
1	980	150	.48	8.45	3.35	3.28	.388 2
2	1 128	300	.75	−53.14	3.10	−3.50	.065 8

3	980	600	1.18	−333.78	2.91	−2.85	.008 5
4	1 128	300	.70	49.50	2.72	3.07	.062 0
sqtotal=	.691	dq=		.00			

环号＝　5
闭合差＝−.003

管段号	管长 /m	管径 /mm	流速 /(m·s⁻¹)	流量 /(L·s⁻¹)	1000I	水头损失 /m	sq
1	980	600	1.18	333.78	2.91	2.85	.008 5
2	1 150	400	.82	102.43	2.48	2.85	.027 8
3	210	400	.71	88.63	1.90	.40	.004 5
4	770	300	.47	−33.13	1.31	−1.01	.030 5
5	1 150	400	1.11	−140.06	4.43	−5.09	.036 4
sqtotal=	.864	dq=		.00			

环号＝　6
闭合差＝−.003

管段号	管长 /m	管径 /mm	流速 /(m·s⁻¹)	流量 /(L·s⁻¹)	1000I	水头损失 /m	sq
1	770	300	.47	33.13	1.31	1.01	.030 5
2	1 010	400	.70	88.43	1.89	1.91	.021 6
3	1 090	200	.03	.92	.02	.02	.020 9
4	1 720	400	.67	−83.73	1.71	−2.94	.035 1
sqtotal=	.691	dq=		.00			

环号＝　7
闭合差＝−.009

管段号	管长 /m	管径 /mm	流速 /(m·s⁻¹)	流量 /(L·s⁻¹)	1000I	水头损失 /m	sq
1	1 090	200	.03	−.92	.02	−.02	.020 9
2	548	400	.36	45.49	.57	.31	.006 8
3	1 100	200	.49	15.49	2.43	2.68	.172 9
4	1 570	300	.57	−40.62	1.90	−2.98	.073 3
sqtotal=	.691	dq=		−.01			

环号＝　8
闭合差＝−.001

管段号	管长 /m	管径 /mm	流速 /(m·s⁻¹)	流量 /(L·s⁻¹)	1000I	水头损失 /m	sq
1	920	150	.15	2.61	.42	.38	.147 3

2	1 128	300	.53	−37.26	1.62	−1.83	.049 1
3	920	400	.77	−96.82	2.23	−2.05	.021 2
4	1 128	300	.75	53.14	3.10	3.50	.065 8
sqtotal=	.691	dq=	.00				

环号＝　　9

闭合差＝−.002

管段号	管长 /m	管径 /mm	流速 /(m·s⁻¹)	流量 /(L·s⁻¹)	1000I	水头损失 /m	sq
1	920	400	.77	96.82	2.23	2.05	.021 2
2	1 150	200	.09	−2.73	.11	−.13	.048 2
3	920	300	.40	28.56	1.00	.92	.032 3
4	1 150	400	.82	−102.43	2.48	−2.85	.027 8
sqtotal=	.691	dq=	.00				

环号＝　　10

闭合差＝−.004

管段号	管长 /m	管径 /mm	流速 /(m·s⁻¹)	流量 /(L·s⁻¹)	1000I	水头损失 /m	sq
1	920	300	.40	−28.56	1.00	−.92	.032 3
2	1 460	700	1.26	485.57	2.31	3.37	.006 9
3	548	200	.15	4.85	.31	.17	.035 1
4	548	400	.36	−45.49	.57	−.31	.006 8
5	1 010	400	.70	−88.43	1.89	−1.91	.021 6
6	210	400	.71	−88.63	1.90	−.40	.004 5
sqtotal=1.037	dq=	.00					

环号＝　　11

闭合差＝−.008

管段号	管长 /m	管径 /mm	流速 /(m·s⁻¹)	流量 /(L·s⁻¹)	1000I	水头损失 /m	sq
1	548	200	.15	−4.85	.31	−.17	.035 1
2	385	700	1.15	442.75	2.27	.87	.002 0
3	242	600	1.20	339.93	2.56	.62	.001 8
4	267	400	1.29	162.69	5.03	1.34	.008 3
5	876	150	.01	.18	.00	.00	.020 8
6	1 100	200	.49	−15.49	2.43	−2.68	.172 9
sqtotal=1.037	dq=	.00					

附录7　分质供水方案水量计算表

时间	居住生活用水 变化系数	居住生活用水 用水量/m³	A厂 高温车间 生活用水变化系数	A厂 高温车间 用水量/m³	A厂 一般车间 生活用水变化系数	A厂 一般车间 用水量/m³	A厂 冰浴用水/m³	B厂 高温车间 生活用水变化系数	B厂 高温车间 用水量/m³	B厂 一般车间 生活用水变化系数	B厂 一般车间 用水量/m³	B厂 冰浴用水/m³	C厂 高温车间 生活用水变化系数	C厂 高温车间 用水量/m³	C厂 一般车间 生活用水变化系数	C厂 一般车间 用水量/m³	C厂 冰浴用水/m³	火车站 用水量/m³	公共设施用水 道路/m³	公共设施用水 绿地/m³	公共设施用水 公园/m³	未预见水量/m³	小时用水量/m³	占总量百分数/%
0—1	1.14	715.008	12.50	0.612	12.50	0.656		12.50	0.525	12.50	0.875		12.50	0.525	12.50	0.566		83.34				841.438	1 673.145	1.94
1—2	0.85	533.120	12.50	0.612	12.50	0.656		12.50	0.525	12.50	0.875		12.50	0.525	12.50	0.562		83.33				841.430	1 461.635	1.70
2—3	0.93	583.296	12.50	0.612	12.50	0.656		12.50	0.525	12.50	0.875		12.50	0.525	12.50	0.562		83.33				841.430	1 511.811	1.75
3—4	1.42	890.624	12.50	0.612	12.50	0.656		12.50	0.525	12.50	0.875		12.50	0.525	12.50	0.562		83.34	179.4	295.38		841.438	2 114.537	2.45
4—5	2.83	1 774.976	12.50	0.612	12.50	0.656		12.50	0.525	12.50	0.875		12.50	0.525	12.50	0.562		83.33				841.430	2 882.891	3.35
5—6	3.92	2 458.624	12.50	0.612	12.50	0.656		12.50	0.525	12.50	0.875		12.50	0.525	12.50	0.562		83.33				841.430	3 387.139	3.93
6—7	6.28	3 938.816	12.50	0.612	12.50	0.656		12.50	0.525	12.50	0.875		12.50	0.525	12.50	0.562		83.34			103.05	841.438	4 970.399	5.77
7—8	6.71	4 208.512	12.50	0.616	12.50	0.658	10.80	12.50	0.525	12.50	0.875	10.40	12.50	0.525	12.50	0.562	8.40	83.33				841.430	5 137.033	5.96
8—9	5.55	3 480.960	12.50	0.875	12.50	0.938		12.50	0.787	12.50	1.316		12.50	0.525	12.50	0.566		83.33				841.430	4 450.727	5.17
9—10	5.96	3 738.112	12.50	0.875	12.50	0.938		12.50	0.787	12.50	1.312		12.50	0.525	12.50	0.562		83.34				841.438	4 667.889	5.42
10—11	6.18	3 876.096	12.50	0.875	12.50	0.938		12.50	0.787	12.50	1.312		12.50	0.525	12.50	0.562		83.33	179.4			841.430	4 985.255	5.79
11—12	7.01	4 396.672	12.50	0.875	12.50	0.938		12.50	0.787	12.50	1.312		12.50	0.525	12.50	0.562		83.33				841.430	5 326.431	6.18
12—13	7.21	4 522.112	12.50	0.875	12.50	0.938		12.50	0.787	12.50	1.312		12.50	0.525	12.50	0.562		83.34				841.438	5 451.889	6.33
13—14	6.34	3 976.448	12.50	0.875	12.50	0.938		12.50	0.787	12.50	1.312		12.50	0.525	12.50	0.562		83.33				841.430	5 201.587	6.04
14—15	4.49	2 816.128	12.50	0.875	12.50	0.938		12.50	0.787	12.50	1.312		12.50	0.525	12.50	0.562		83.33		295.38		841.430	3 745.887	4.35
15—16	4.15	2 602.880	12.50	0.875	12.50	0.934	16.00	12.50	0.791	12.50	1.312	15.60	12.50	0.525	12.50	0.562	8.40	83.34				841.438	3 532.657	4.10
16—17	5.08	3 186.176	12.50	0.612	12.50	0.656		12.50	0.525	12.50	0.875		12.50	0.525	12.50	0.566		83.33				841.430	4 144.295	4.81
17—18	5.62	3 524.864	12.50	0.612	12.50	0.656		12.50	0.525	12.50	0.875		12.50	0.525	12.50	0.562		83.33				841.430	4 453.379	5.17
18—19	5.21	3 267.712	12.50	0.612	12.50	0.656		12.50	0.525	12.50	0.875		12.50	0.525	12.50	0.562		83.34				841.438	4 196.245	4.87
19—20	4.35	2 728.320	12.50	0.612	12.50	0.656		12.50	0.525	12.50	0.875		12.50	0.525	12.50	0.562		83.33				841.430	3 656.835	4.24
20—21	3.21	2 013.312	12.50	0.612	12.50	0.656		12.50	0.525	12.50	0.875		12.50	0.525	12.50	0.562		83.33				841.430	2 941.827	3.41
21—22	2.93	1 837.696	12.50	0.612	12.50	0.656		12.50	0.525	12.50	0.875		12.50	0.525	12.50	0.562		83.34				841.438	2 766.229	3.21
22—23	1.56	978.432	12.50	0.616	12.50	0.658	10.80	12.50	0.525	12.50	0.875	10.40	12.50	0.525	12.50	0.562	8.40	83.33				841.430	1 906.947	2.21
23—24	1.07	671.104	12.50	0.612	12.50	0.656		12.50	0.525	12.50	0.875		12.50	0.525	12.50	0.562		83.33				841.430	1 599.625	1.86
总计	100	62 720		16.800		18.000	37.6		14.7		24.500	36.4		12.6		13.5	25.2	2 000	358.8	590.76	103.05	20 194.384	86 166.294	100.00

附录 8　分质供水方案清水池调节容积的计算

最高日每小时用水量/(m³·h⁻¹)	占总量百分数/%	一泵站供水曲线/%	清水池调节容积/%
1 673.145	1.94	4.17	−2.23
1 461.635	1.70	4.17	−2.47
1 511.811	1.75	4.16	−2.41
2 114.537	2.45	4.17	−1.72
2 882.891	3.35	4.17	−0.82
3 387.139	3.93	4.16	−0.23
4 970.399	5.77	4.17	1.60
5 137.033	5.96	4.17	1.79
4 450.727	5.17	4.16	1.01
4 667.889	5.42	4.17	1.25
4 985.255	5.79	4.17	1.62
5 326.431	6.18	4.16	2.02
5 451.889	6.33	4.17	2.16
5 201.587	6.04	4.17	1.87
3 745.887	4.35	4.16	0.19
3 532.657	4.10	4.17	−0.07
4 144.295	4.81	4.17	0.64
4 453.379	5.17	4.16	1.01
4 196.245	4.87	4.17	0.70
3 656.835	4.24	4.17	0.07
2 941.827	3.41	4.16	−0.75
2 766.229	3.21	4.17	−0.96
1 906.947	2.21	4.17	−1.96
1 599.625	1.86	4.16	−2.30
86 166.294	100	100	15.93

附录 9　分质供水方案沿线流量计算表

管段号	管段长度 /m	布水系数	计算长度 /m	沿线流量 /(L·s⁻¹)	比流量/(L·s⁻¹·m⁻¹)
1—2	1 920	1	1 920	110.697	
2—3	550	1	550	31.710	
1—7	1 160	1	1 160	66.880	
7—8	1 600	1	1 600	92.248	
8—3	715	1	715	41.223	
3—4	1 010	—	298	17.181	$q_{sⅠ}=0.057\,7$
8—9	1 890	1	1 890	108.968	
9—10	1 135	—	560	32.287	
9—17	2 450	1	2 450	141.254	
17—18	623	—	180	10.378	
4—14	1 128	1	1 128	43.219	
4—5	980	1	980	37.548	
14—15	980	1	980	37.548	
5—15	1 128	1	1 128	43.219	
4—11	1 150	1	1 150	44.062	
10—12	770	0.5	385	14.751	
11—12	210	0.5	105	4.023	$q_{sⅡ}=0.038\,3$
5—12	1 150	1	1 150	44.062	
15—16	920	1	920	35.250	
5—6	920	1	920	35.250	
6—16	1 128	1	1 128	43.219	
12—13	920	0.5	460	17.625	
6—13	1 150	1	1 150	44.062	
10—18	1 720	1	1 720	45.638	
18—19	1 090	1	1 090	28.921	
11—19	1 010	1	1 010	26.799	
10—11	770	0.5	385	10.215	
19—20	548	1	548	14.540	
18—23	1 570	1	1 570	41.658	
20—23	1 100	1	1 100	29.187	$q_{sⅢ}=0.026\,5$
11—12	210	0.5	105	2.786	
12—13	920	0.5	460	12.205	
20—21	548	1	548	14.540	
13—21	1 460	1	1 460	38.739	
21—22	1 493	—	894	23.721	
23—22	953	—	876	23.243	

附录10　分质供水方案节点流量计算表

节点编号	集中流量/(L·s⁻¹)	沿线流量转化为节点流量/(L·s⁻¹)	节点流量/(L·s⁻¹)
1		1/2(110.697+66.880)	88.788
2	23.148 1	1/2(110.697+31.710)	94.352
3		1/2(31.710+17.181+41.223)	45.057
4		1/2(43.219+37.548+44.062+17.181)	71.005
5		1/2(37.548+43.219+44.062+35.250)	80.039
6		1/2(43.219+44.062+35.250)	61.265
7		1/2(66.880+92.248)	79.564
8		1/2(92.248+41.223+108.968)	121.219
9		1/2(108.968+32.287+141.254)	141.254
10		1/2(32.287+44.062+14.751+45.638)	68.369
11		1/2(14.751+2.786+26.799)	22.168
12		1/2(2.786+44.066+12.205)	29.527
13		1/2(12.205+44.062+38.739)	47.503
14		1/2(43.219+37.548)	40.384
15		1/2(37.548+35.250+43.219)	58.008
16		1/2(35.250+43.219)	39.234
17		1/2(141.254+10.378)	75.816
18		1/2(10.378+45.638+41.658+28.921)	63.297
19		1/2(28.921+26.799+14.540)	35.130
20		1/2(14.540+14.540+29.187)	29.134
21	0.694	1/2(14.540+38.739+23.721)	39.194
22	0.694	1/2(23.721+23.243)	24.176
23		1/2(29.187+41.658+23.243)	47.044

附录 11　分质供水方案初分流量、初拟管径信息图

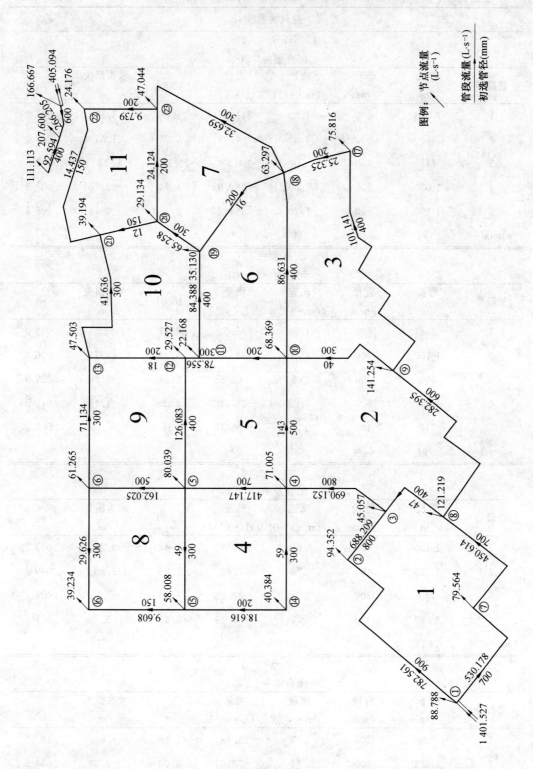

附录12　分质供水方案最高时平差结果

迭代次数＝32

环号＝　1

闭合差＝　.000

管段号	管长/m	管径/mm	流速/(m·s⁻¹)	流量/(L·s⁻¹)	1000I	水头损失/m	sq
1	1 920	900	1.33	849.27	1.86	3.58	.004 2
2	550	800	1.50	754.91	2.75	1.51	.002 0
3	715	400	.19	24.33	.19	.13	.005 5
4	1 600	700	1.00	−383.91	1.74	−2.78	.007 3
5	1 160	700	1.20	−463.47	2.10	−2.44	.005 3
sqtotal＝	.791	dq＝	.00				

环号＝　2

闭合差＝　.001

管段号	管长/m	管径/mm	流速/(m·s⁻¹)	流量/(L·s⁻¹)	1000I	水头损失/m	sq
1	298	800	1.36	685.52	2.27	.68	.001 0
2	1 150	400	1.10	138.30	4.33	4.97	.036 0
3	560	300	.66	−46.58	2.44	−1.36	.029 3
4	1 890	600	1.02	−287.03	2.20	−4.15	.014 5
5	715	400	.19	−24.33	.19	−.13	.005 5
sqtotal＝	.791	dq＝	.00				

环号＝　3

闭合差＝　.001

管段号	管长/m	管径/mm	流速/(m·s⁻¹)	流量/(L·s⁻¹)	1000I	水头损失/m	sq
1	1 135	300	.66	46.58	2.44	2.76	.059 3
2	1 720	400	.78	97.43	2.26	3.88	.039 9
3	180	200	.74	−23.38	5.16	−.93	.039 7
4	2 450	400	.79	−99.19	2.33	−5.72	.057 7
sqtotal＝	.633	dq＝	.00				

环号＝　4

闭合差＝　.000

管段号	管长/m	管径/mm	流速/(m·s⁻¹)	流量/(L·s⁻¹)	1000I	水头损失/m	sq
1	980	200	.43	13.43	1.88	1.84	.137 3
2	1 128	300	.74	−52.21	3.00	−3.39	.064 9

3	980	700	1.10	−422.40	2.08	−2.04	.004 8
4	1 128	300	.76	53.81	3.17	3.58	.066 5
sqtotal=	.633	dq=	.00				

环号＝　5
闭合差＝　.003

管段号	管长 /m	管径 /mm	流速 /(m·s⁻¹)	流量 /(L·s⁻¹)	1000I	水头损失 /m	sq
1	980	700	1.10	422.40	2.08	2.04	.004 8
2	1 150	400	1.02	128.11	3.75	4.31	.033 7
3	210	300	1.22	86.30	6.50	1.36	.015 8
4	770	200	.61	−19.08	3.55	−2.74	.143 4
5	1 150	400	1.10	−138.30	4.33	−4.97	.036 0
sqtotal=	.791	dq=	.00				

环号＝　6
闭合差＝　.004

管段号	管长 /m	管径 /mm	流速 /(m·s⁻¹)	流量 /(L·s⁻¹)	1000I	水头损失 /m	sq
1	770	200	.61	19.08	3.55	2.74	.143 4
2	1 010	400	.66	83.21	1.69	1.71	.020 5
3	1 090	200	.20	−6.44	.51	−.56	.086 3
4	1 720	400	.78	−97.43	2.26	−3.88	.039 9
sqtotal=	.633	dq=	.00				

环号＝　7
闭合差＝　.003

管段号	管长 /m	管径 /mm	流速 /(m·s⁻¹)	流量 /(L·s⁻¹)	1000I	水头损失 /m	sq
1	1 090	200	.20	6.44	.51	.56	.086 3
2	548	300	.77	54.52	3.25	1.78	.032 7
3	1 100	200	.44	13.87	1.99	2.19	.158 2
4	1 570	300	.72	−51.08	2.88	−4.53	.088 6
sqtotal=	.633	dq=	.00				

环号＝　8
闭合差＝　.000

管段号	管长 /m	管径 /mm	流速 /(m·s⁻¹)	流量 /(L·s⁻¹)	1000I	水头损失 /m	sq
1	920	150	.43	7.63	2.78	2.56	.335 7

2	1 128	300	.45	−31.61	1.20	−1.36	.043 0
3	920	400	1.29	−162.05	4.99	−4.59	.028 3
4	1 128	300	.74	52.21	3.00	3.39	.064 9
sqtotal＝	.633	dq＝	.00				

环号＝　9

闭合差＝　.006

管段号	管长 /m	管径 /mm	流速 /(m·s⁻¹)	流量 /(L·s⁻¹)	1000I	水头损失 /m	sq
1	920	400	1.29	162.05	4.99	4.59	.028 3
2	1 150	300	.98	69.18	5.05	5.81	.084 0
3	920	150	.69	−12.28	6.61	−6.08	.495 2
4	1 150	400	1.02	−128.11	3.75	−4.31	.033 7
sqtotal＝	.633	dq＝	.01				

环号＝　10

闭合差＝　.009

管段号	管长 /m	管径 /mm	流速 /(m·s⁻¹)	流量 /(L·s⁻¹)	1000I	水头损失 /m	sq
1	920	150	.69	12.28	6.61	6.08	.495 2
2	1 460	300	.48	33.95	1.37	2.00	.058 9
3	548	150	.65	−11.51	5.87	−3.22	.279 6
4	548	300	.77	−54.52	3.25	−1.78	.032 7
5	1 010	400	.66	−83.21	1.69	−1.71	.020 5
6	210	300	1.22	−86.30	6.50	−1.36	.015 8
sqtotal＝	.949	dq＝	.00				

环号＝　11

闭合差＝　.005

管段号	管长 /m	管径 /mm	流速 /(m·s⁻¹)	流量 /(L·s⁻¹)	1000I	水头损失 /m	sq
1	548	150	.65	11.51	5.87	3.22	.279 6
2	894	150	.36	6.27	1.96	1.75	.279 4
3	876	200	.57	−17.90	3.17	−2.77	.154 9
4	1100	200	.44	−13.87	1.99	−2.19	.158 2
sqtotal＝	.633	dq＝	.00				

附录 13　多水源供水方案最高时初分流量、初拟管径信息图

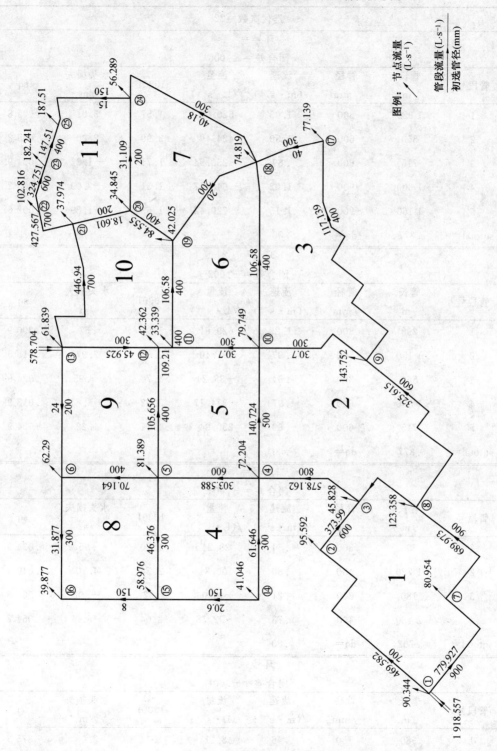

图例：节点流量（L·s⁻¹）
管段流量（L·s⁻¹）／初选管径（mm）

附录 14 多水源供水方案最高时平差结果

迭代次数＝22

环号＝ 1

闭合差＝ .000

管段号	管长 /m	管径 /mm	流速 /(m·s⁻¹)	流量 /(L·s⁻¹)	1000I	水头损失 /m	sq
1	1 920	800	1.03	520.09	1.57	3.01	.005 8
2	550	600	1.50	424.49	3.99	2.20	.005 2
3	715	600	.89	−250.94	1.71	−1.22	.004 9
4	1 600	900	1.02	−648.47	1.31	−2.09	.003 2
5	1 160	900	1.15	−729.42	1.63	−1.89	.002 6
sqtotal＝	.877	dq＝	.00				

环号＝ 2

闭合差＝−.002

管段号	管长 /m	管径 /mm	流速 /(m·s⁻¹)	流量 /(L·s⁻¹)	1000I	水头损失 /m	sq
1	298	800	1.25	629.61	1.91	.57	.000 9
2	1 150	500	.97	191.40	2.58	2.97	.015 5
3	560	300	.54	−38.24	1.70	−.95	.024 9
4	1 890	600	.97	−274.17	2.02	−3.81	.013 9
5	715	600	.89	250.94	1.71	1.22	.004 9
sqtotal＝	.877	dq＝	.00				

环号＝ 3

闭合差＝−.004

管段号	管长 /m	管径 /mm	流速 /(m·s⁻¹)	流量 /(L·s⁻¹)	1000I	水头损失 /m	sq
1	560	300	.54	38.24	1.70	.95	.024 9
2	1 720	400	.80	100.31	2.38	4.10	.040 9
3	180	300	.21	−15.04	.32	−.06	.003 8
4	2 450	400	.73	−92.18	2.04	−5.00	.054 2
sqtotal＝	.702	dq＝	.00				

环号＝ 4

闭合差＝−.001

管段号	管长 /m	管径 /mm	流速 /(m·s⁻¹)	流量 /(L·s⁻¹)	1000I	水头损失 /m	sq
1	980	150	.46	8.11	3.11	3.05	.375 8
2	1 128	300	.75	−53.10	3.10	−3.49	.065 8

3	980	600	1.12	−316.84	2.64	−2.59	.008 2
4	1 128	300	.70	49.16	2.69	3.03	.061 7
sqtotal=	.702	dq=	.00				

环号=　5
闭合差=−.005

管段号	管长 /m	管径 /mm	流速 /(m·s⁻¹)	流量 /(L·s⁻¹)	1000I	水头损失 /m	sq
1	980	600	1.12	316.84	2.64	2.59	.008 2
2	1 150	400	.71	88.86	1.91	2.19	.024 7
3	210	400	.59	73.77	1.36	.28	.003 9
4	770	300	.70	−49.57	2.73	−2.10	.042 4
5	1 150	500	.97	−191.40	2.58	−2.97	.015 5
sqtotal=	.877	dq=	.00				

环号=　6
闭合差=−.006

管段号	管长 /m	管径 /mm	流速 /(m·s⁻¹)	流量 /(L·s⁻¹)	1000I	水头损失 /m	sq
1	770	300	.70	49.57	2.73	2.10	.042 4
2	1 010	400	.72	90.01	1.95	1.97	.021 9
3	1 090	200	.03	.90	.02	.02	.020 7
4	1 720	400	.80	−100.31	2.38	−4.10	.040 9
sqtotal=	.702	dq=	.00				

环号=　7
闭合差=−.009

管段号	管长 /m	管径 /mm	流速 /(m·s⁻¹)	流量 /(L·s⁻¹)	1000I	水头损失 /m	sq
1	1 090	200	.03	−.90	.02	−.02	.020 7
2	548	400	.37	47.08	.60	.33	.007 0
3	1 100	200	.50	15.78	2.52	2.77	.175 5
4	1 570	300	.59	−41.44	1.97	−3.09	.074 5
sqtotal=	.702	dq=	−.01				

环号=　8
闭合差=−.001

管段号	管长 /m	管径 /mm	流速 /(m·s⁻¹)	流量 /(L·s⁻¹)	1000I	水头损失 /m	sq
1	920	150	.13	2.24	.32	.29	.131 4

2	1 128	300	.53	−37.64	1.65	−1.86	.049 5
3	920	400	.74	−93.49	2.09	−1.93	.020 6
4	1 128	300	.75	53.10	3.10	3.49	.065 8
sqtotal=	.702	dq=		.00			

环号＝　9

闭合差＝−.003

管段号	管长 /m	管径 /mm	流速 /(m·s⁻¹)	流量 /(L·s⁻¹)	1000I	水头损失 /m	sq
1	920	400	.74	93.49	2.09	1.93	.020 6
2	1 150	200	.20	−6.44	.51	−.59	.091 0
3	920	300	.39	27.27	.92	.85	.031 2
4	1 150	400	.71	−88.86	1.91	−2.19	.024 7
sqtotal=	.702	dq=		.00			

环号＝　10

闭合差＝−.004

管段号	管长 /m	管径 /mm	流速 /(m·s⁻¹)	流量 /(L·s⁻¹)	1000I	水头损失 /m	sq
1	920	300	.39	−27.27	.92	−.85	.031 2
2	1 460	700	1.26	483.16	2.28	3.33	.006 9
3	548	200	.11	3.54	.18	.10	.027 8
4	548	400	.37	−47.08	.60	−.33	.007 0
5	1 010	400	.72	−90.01	1.95	−1.97	.021 9
6	210	400	.59	−73.77	1.36	−.28	.003 9
sqtotal=1.053		dq=		.00			

环号＝　11

闭合差＝−.009

管段号	管长 /m	管径 /mm	流速 /(m·s⁻¹)	流量 /(L·s⁻¹)	1000I	水头损失 /m	sq
1	548	200	.11	−3.54	.18	−.10	.027 8
2	385	700	1.15	441.64	2.26	.87	.002 0
3	242	600	1.20	338.83	2.99	.72	.002 1
4	267	400	1.29	161.58	4.96	1.32	.008 2
5	876	150	.05	−.93	.07	−.06	.065 9
6	1 100	200	.50	−15.78	2.52	−2.77	.175 5
sqtotal=1.053		dq=		.00			

附录 15　多水源供水方案消防时初分流量信息图

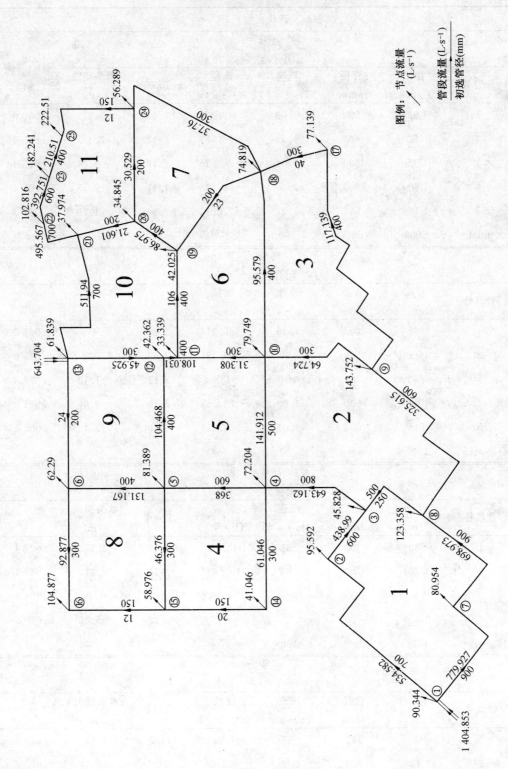

附录16　多水源供水方案消防时平差结果

迭代次数＝17

环号＝　1

闭合差＝　.000

管段号	管长 /m	管径 /mm	流速 /(m·s⁻¹)	流量 /(L·s⁻¹)	1000I	水头损失 /m	sq
1	1 920	800	1.08	542.37	1.69	3.25	.006 0
2	550	600	1.58	446.78	4.42	2.43	.005 4
3	715	600	1.01	−284.25	2.16	−1.54	.005 4
4	1 600	900	1.09	−691.18	1.47	−2.35	.003 4
5	1 160	900	1.21	−772.14	1.54	−1.79	.002 3
sqtotal＝	.909	dq＝	.00				

环号＝　2

闭合差＝−.003

管段号	管长 /m	管径 /mm	流速 /(m·s⁻¹)	流量 /(L·s⁻¹)	1000I	水头损失 /m	sq
1	298	800	1.36	685.21	2.26	.67	.001 0
2	1 150	500	.98	193.17	2.63	3.02	.015 6
3	560	300	.61	−43.05	2.11	−1.18	.027 4
4	1 890	600	1.00	−283.57	2.15	−4.06	.014 3
5	715	600	1.01	284.25	2.16	1.54	.005 4
sqtotal＝	.909	dq＝	.00				

环号＝　3

闭合差＝−.005

管段号	管长 /m	管径 /mm	流速 /(m·s⁻¹)	流量 /(L·s⁻¹)	1000I	水头损失 /m	sq
1	560	300	.61	43.05	2.11	1.18	.027 4
2	1 720	400	.83	103.87	2.54	4.37	.042 1
3	180	300	.28	−19.63	.51	−.09	.004 7
4	2 450	400	.77	−96.77	2.23	−5.46	.056 5
sqtotal＝	.727	dq＝	.00				

环号＝　4

闭合差＝−.001

管段号	管长 /m	管径 /mm	流速 /(m·s⁻¹)	流量 /(L·s⁻¹)	1000I	水头损失 /m	sq
1	980	150	.57	9.99	4.53	4.44	.444 8
2	1 128	300	.89	−62.65	4.20	−4.74	.075 7

3	980	600	1.30	−368.80	3.01	−2.95	.008 0
4	1 128	300	.72	51.04	2.88	3.25	.063 6
sqtotal=	.727	dq=	.00				

环号=　5

闭合差=−.005

管段号	管长/m	管径/mm	流速/(m·s⁻¹)	流量/(L·s⁻¹)	1000I	水头损失/m	sq
1	980	600	1.30	368.80	3.01	2.95	.008 0
2	1 150	400	.69	87.01	1.83	2.11	.024 2
3	210	400	.60	75.26	1.41	.30	.003 9
4	770	300	.74	−52.60	3.04	−2.34	.044 6
5	1 150	500	.98	−193.17	2.63	−3.02	.015 6
sqtotal=	.909	dq=	.00				

环号=　6

闭合差=−.009

管段号	管长/m	管径/mm	流速/(m·s⁻¹)	流量/(L·s⁻¹)	1000I	水头损失/m	sq
1	770	300	.75	53.10	3.10	2.38	.044 9
2	1 010	400	.75	94.52	2.14	2.16	.022 8
3	1 090	200	.11	−3.38	.17	−.18	.053 4
4	1 720	400	.83	−103.87	2.54	−4.37	.042 1
sqtotal=	.727	dq=	−.01				

环号=　7

闭合差=−.010

管段号	管长/m	管径/mm	流速/(m·s⁻¹)	流量/(L·s⁻¹)	1000I	水头损失/m	sq
1	1 090	200	.11	3.38	.17	.18	.053 4
2	548	400	.44	55.87	.82	.45	.008 0
3	1 100	200	.52	16.48	2.72	3.00	.181 8
4	1 570	300	.64	−45.31	2.32	−3.64	.080 2
sqtotal=	.727	dq=	−.01				

环号=　8

闭合差=−.001

管段号	管长/m	管径/mm	流速/(m·s⁻¹)	流量/(L·s⁻¹)	1000I	水头损失/m	sq
1	920	150	.77	13.66	8.04	7.40	.541 5

2	1 128	300	1.29	−91.21	7.26	−8.19	.089 8
3	920	400	1.10	−137.74	4.29	−3.95	.028 7
4	1 128	300	.89	62.65	4.20	4.74	.075 7
sqtotal=	.727	dq=	.00				

环号＝　9

闭合差＝−.004

管段号	管长 /m	管径 /mm	流速 /(m·s⁻¹)	流量 /(L·s⁻¹)	1000I	水头损失 /m	sq
1	920	400	1.10	137.74	4.29	3.95	.028 7
2	1 150	200	.50	−15.76	2.51	−2.89	.183 3
3	920	300	.43	30.61	1.14	1.05	.034 2
4	1 150	400	.69	−87.01	1.83	−2.11	.024 2
sqtotal=	.727	dq=	.00				

环号＝　10

闭合差＝−.004

管段号	管长 /m	管径 /mm	流速 /(m·s⁻¹)	流量 /(L·s⁻¹)	1000I	水头损失 /m	sq
1	920	300	.43	−30.61	1.14	−1.05	.034 2
2	1 460	700	1.39	535.49	2.81	4.10	.007 6
3	548	200	.14	−4.55	.28	−.15	.033 4
4	548	400	.44	−55.87	.82	−.45	.008 0
5	1 010	400	.75	−94.52	2.14	−2.16	.022 8
6	210	400	.60	−75.26	1.41	−.30	.003 9
sqtotal=1.091		dq=	.00				

环号＝　11

闭合差＝−.010

管段号	管长 /m	管径 /mm	流速 /(m·s⁻¹)	流量 /(L·s⁻¹)	1000I	水头损失 /m	sq
1	548	200	.14	4.55	.28	.15	.033 4
2	385	700	1.30	502.07	2.47	.95	.001 9
3	242	600	1.41	399.25	3.53	.85	.002 1
4	267	400	1.73	217.01	8.95	2.39	.011 0
5	876	150	.31	−5.50	1.55	−1.36	.247 0
6	1 100	200	.52	−16.48	2.72	−3.00	.181 8
sqtotal=1.091		dq=	.00				

附录17　多水源供水方案事故时初分流量信息图

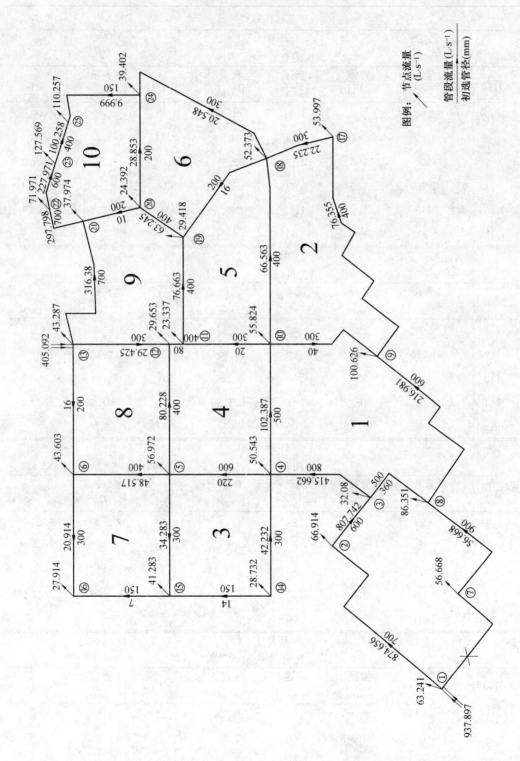

附录 18 多水源供水方案事故时平差结果

迭代次数＝26

环号＝ 1

闭合差＝－.001

管段号	管长/m	管径/mm	流速/(m·s⁻¹)	流量/(L·s⁻¹)	1000I	水头损失/m	sq
1	298	800	1.01	509.81	1.51	.45	.000 9
2	1 150	500	.94	184.40	2.41	2.77	.015 0
3	560	300	.42	29.59	1.07	.60	.020 2
4	1 890	600	.43	－122.84	.46	－.88	.007 1
5	715	500	1.35	－265.85	4.11	－2.94	.011 1
sqtotal＝	.702	dq＝		.00			

环号＝ 2

闭合差＝－.002

管段号	管长/m	管径/mm	流速/(m·s⁻¹)	流量/(L·s⁻¹)	1000I	水头损失/m	sq
1	560	300	.42	－29.59	1.07	－.60	.020 2
2	1 720	400	.59	74.02	1.37	2.35	.031 7
3	180	300	.03	2.20	.01	.00	.000 9
4	2 450	400	.41	－51.80	.72	－1.75	.033 9
sqtotal＝	.562	dq＝		.00			

环号＝ 3

闭合差＝ .000

管段号	管长/m	管径/mm	流速/(m·s⁻¹)	流量/(L·s⁻¹)	1000I	水头损失/m	sq
1	980	150	.38	6.77	2.25	2.20	.325 3
2	1 128	300	.60	－42.69	2.08	－2.34	.054 9
3	980	600	.85	－239.36	1.57	－1.54	.006 4
4	1 128	300	.50	35.50	1.49	1.68	.047 2
sqtotal＝	.562	dq＝		.00			

环号＝ 4

闭合差＝－.002

管段号	管长/m	管径/mm	流速/(m·s⁻¹)	流量/(L·s⁻¹)	1000I	水头损失/m	sq
1	980	600	.85	239.36	1.57	1.54	.006 4
2	1 150	400	.60	74.80	1.39	1.60	.021 4
3	210	400	.53	66.71	1.13	.24	.003 6

4	770	300	.35	−24.96	.79	−.61	.024 3
5	1 150	500	.94	−184.40	2.41	−2.77	.015 0
sqtotal=	.702	dq=	.00				

环号= 5

闭合差=−.007

管段号	管长 /m	管径 /mm	流速 /(m·s⁻¹)	流量 /(L·s⁻¹)	1000I	水头损失 /m	sq
1	770	300	.35	24.96	.79	.61	.024 3
2	1 010	400	.54	68.33	1.18	1.19	.017 5
3	1 090	200	.20	6.35	.50	.54	.085 4
4	1 720	400	.59	−74.02	1.37	−2.35	.031 7
sqtotal=	.562	dq=	−.01				

环号= 6

闭合差=−.009

管段号	管长 /m	管径 /mm	流速 /(m·s⁻¹)	流量 /(L·s⁻¹)	1000I	水头损失 /m	sq
1	1 090	200	.20	−6.35	.50	−.54	.085 4
2	548	400	.26	32.56	.31	.17	.005 3
3	1 100	200	.38	11.94	1.52	1.68	.140 4
4	1 570	300	.37	−25.81	.84	−1.31	.050 9
sqtotal=	.562	dq=	−.01				

环号= 7

闭合差= .000

管段号	管长 /m	管径 /mm	流速 /(m·s⁻¹)	流量 /(L·s⁻¹)	1000I	水头损失 /m	sq
1	920	150	.46	8.18	3.16	2.91	.355 2
2	1 128	200	.63	−19.73	3.78	−4.26	.216 0
3	920	400	.52	−64.89	1.08	−.99	.015 2
4	1 128	300	.60	42.69	2.08	2.34	.054 9
sqtotal=	.562	dq=	.00				

环号= 8

闭合差=−.002

管段号	管长 /m	管径 /mm	流速 /(m·s⁻¹)	流量 /(L·s⁻¹)	1000I	水头损失 /m	sq
1	920	400	.52	64.89	1.08	.99	.015 2
2	1 150	200	.05	1.56	.04	.05	.032 2

3	920	300	.31	21.56	.61	.56	.025 9
4	1 150	400	.60	−74.80	1.39	−1.60	.021 4
sqtotal=	.562	dq=	.00				

环号＝　9

闭合差＝−.003

管段号	管长 /m	管径 /mm	流速 /(m·s⁻¹)	流量 /(L·s⁻¹)	1000I	水头损失 /m	sq
1	920	300	.31	−21.56	.61	−.56	.025 9
2	1 460	700	.89	341.80	1.40	2.05	.006 0
3	548	200	.12	3.77	.20	.11	.029 1
4	548	400	.26	−32.56	.31	−.17	.005 3
5	1 010	400	.54	−68.33	1.18	−1.19	.017 5
6	210	400	.53	−66.71	1.13	−.24	.003 6
sqtotal=	.842	dq=	.00				

环号＝　10

闭合差＝−.007

管段号	管长 /m	管径 /mm	流速 /(m·s⁻¹)	流量 /(L·s⁻¹)	1000I	水头损失 /m	sq
1	548	200	.12	−3.77	.20	−.11	.029 1
2	385	700	.81	311.45	1.18	.45	.001 5
3	242	600	.85	239.48	1.57	.38	.001 6
4	267	400	.89	111.91	2.92	.78	.007 0
5	876	150	.09	1.65	.19	.17	.100 1
6	1 100	200	.38	−11.94	1.52	−1.68	.140 4
sqtotal=	.842	dq=	.00				

附录 19　等自由水压线图

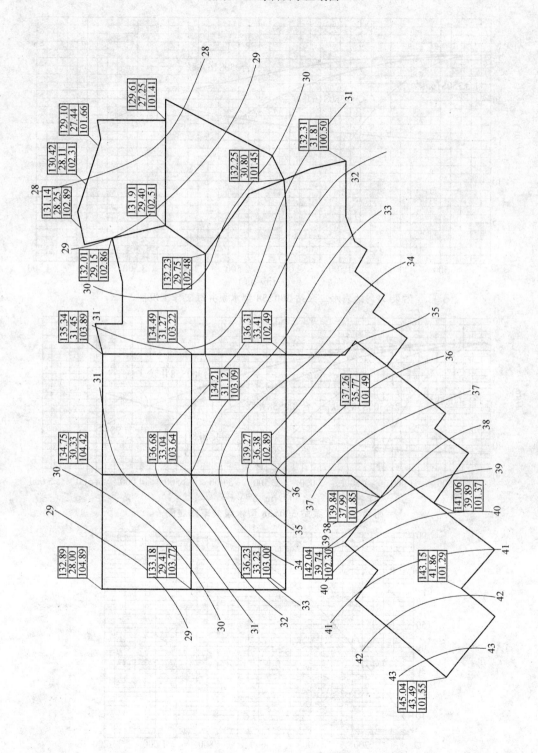

附录 20　一泵站水泵并联工作工况图

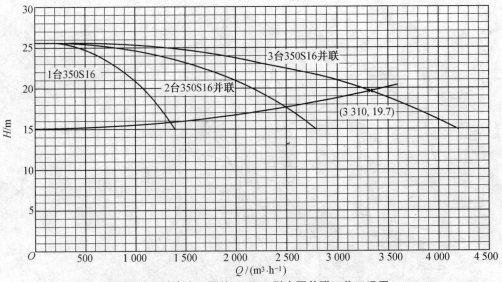

附录 21　地表水二泵站 300S58 型水泵并联工作工况图

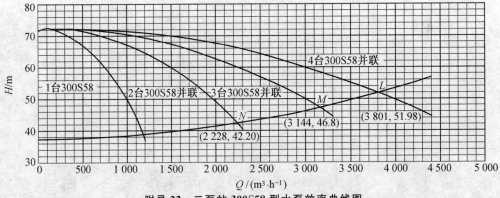

附录 22　二泵站 300S58 型水泵效率曲线图

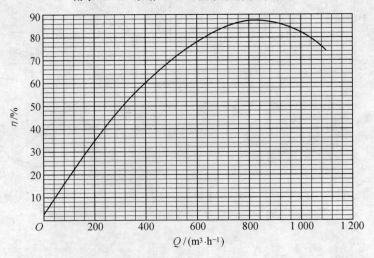

附录 23　井群互阻时侧井的出水量

井号	井距(m)(左,右)	来自左侧井的影响				来自右侧井的影响				$\sum\alpha$	$1-\sum\alpha$	q/(L·s⁻¹·m⁻¹)	$Q'=q_s(1-\sum\alpha)$/(L·s⁻¹)
		α_{250}	α_{300}	α_{550}	α_{600}	α_{250}	α_{300}	α_{550}	α_{600}				
1	0/550					0.07		0.030 2		0.100 2	0.899 8	5.51	27.218 860 02
2	250/600	0.07					0.060 8		0.025 8	0.156 6	0.843 4	5.51	25.512 765 66
3	550/600		0.060 8	0.030 3			0.060 8		0.025 8	0.177 7	0.822 3	6.96	31.420 411 92
4	600/600		0.060 8		0.025 8		0.060 8		0.025 8	0.173 2	0.826 8	6.96	31.592 358 72
5	600/600		0.060 8		0.025 8		0.060 8		0.025 8	0.173 2	0.826 8	6.96	31.592 358 72
6	600/300		0.060 8		0.025 8		0.060 8			0.147 4	0.852 6	6.96	32.578 187 04
7	600/0		0.060 8		0.025 8					0.086 6	0.913 4	6.96	34.901 379 36
8	0/600						0.060 8		0.025 8	0.086 6	0.913 4	6.96	34.901 379 36
9	300/600		0.060 8				0.060 8		0.025 8	0.147 4	0.852 6	6.96	32.578 187 04
10	600/600		0.060 8		0.025 8		0.060 8		0.025 8	0.173 2	0.826 8	6.96	31.592 358 72
11	600/600		0.060 8		0.025 8		0.060 8		0.025 8	0.173 2	0.826 8	6.96	31.592 358 72
12	600/600		0.060 8		0.025 8		0.060 8		0.025 8	0.173 2	0.826 8	6.96	31.592 358 72
13	600/300		0.060 8		0.025 8		0.060 8			0.147 4	0.852 6	6.96	32.578 187 04
14	600/0		0.060 8		0.025 8					0.086 6	0.913 4	6.96	34.901 379 36
15	0/600						0.060 8		0.025 8	0.086 6	0.913 4	6.96	34.901 379 36
16	300/600		0.060 8				0.060 8		0.025 8	0.147 4	0.852 6	6.96	32.578 187 04
17	600/600		0.060 8		0.025 8		0.060 8		0.025 8	0.173 2	0.826 8	6.96	31.592 358 72
18	600/300		0.060 8		0.025 8					0.086 6	0.913 4	6.96	34.901 379 36
19	600/0									0	1	6.96	38.210 4
总计													616.736 234 9

附录 24　井群连接管路水力计算表

管段号	流量/(L·s⁻¹)	管径/mm	流速/(m·s⁻¹)	1000i	管长/m	水头损失/m
1—2	27.219	200	0.87	7.01	250	1.75
2—3	46.732	300	0.66	2.45	300	0.74
3—4	84.324	400	0.68	1.75	300	0.53
4—22	115.744	400	0.92	3.11	140	0.44
7—6	34.901	300	0.495	1.45	300	0.44
6—5	67.48	300	0.95	4.82	300	1.45
5—22	99.072	400	0.79	2.33	160	0.37
22—25	214.816	500	1.09	3.21	1210	3.88
8—9	34.901	300	0.495	1.45	300	0.44
9—10	67.48	300	0.95	4.83	300	1.45
10—11	99.072	400	0.79	2.33	300	0.70
11—23	130.664	400	1.03	3.89	10	0.04
14—13	34.901	300	0.495	1.45	300	0.44
13—12	67.48	300	0.95	4.82	300	1.45
12—23	99.072	400	0.79	2.33	300	0.70
23—26	229.736	500	1.17	3.63	604	2.19
15—16	34.901	300	0.495	1.45	300	0.44
16—17	67.48	300	0.95	4.82	300	1.45
17—24	99.072	400	0.79	2.33	300	0.70
21—20	34.901	300	0.495	1.45	300	0.44
20—19	67.48	300	0.95	4.82	300	1.45
19—18	99.072	400	0.79	2.33	300	0.70
24—27	229.736	500	1.17	3.63	10	0.04
26—25	114.868	400	0.91	3.06	10	0.03
26—27	114.868	400	0.91	3.06	10	0.03
25—28	329.684	600	1.16	2.845	10	0.03
27—29	344.604	600	1.22	3.091	10	0.03
28—29		500			20	

附录 25　各单井流量及所需扬程一览表

井编号	流量 $Q/(\mathrm{m^3 \cdot h^{-1}})$	连接管路水头损失 $\sum h/\mathrm{m}$	所需扬程 H/m
1	98.0	7.45	38.44
2	91.8	5.70	36.69
3	113.1	4.96	35.95
4	113.7	4.44	35.43
5	113.7	4.55	35.54
6	117.3	6.00	36.99
7	125.6	6.44	37.43
8	125.6	4.92	35.91
9	117.3	4.49	35.48
10	113.7	3.04	34.03
11	113.7	2.34	33.33
12	113.7	1.59	32.58
13	117.3	3.04	34.03
14	125.6	3.47	34.46
15	125.6	2.72	33.71
16	117.3	2.29	33.28
17	113.7	0.84	31.83
18	125.6	0.17	31.16
19	137.6	0.84	31.83
20	117.3	2.29	33.28
21	125.6	2.72	33.71

附录 26　地下水二泵站水泵并联工况图

方案一：

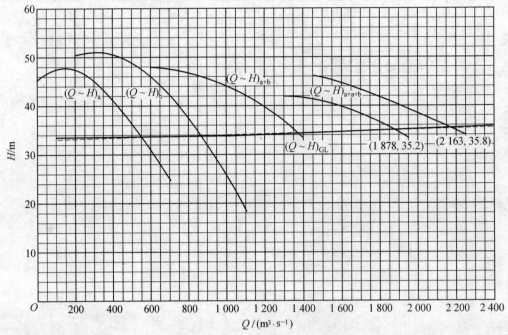

a：300S58B 型水泵

b：250S39 型水泵

附录 26　地下水二泵站水泵并联工况图(续)

方案二：

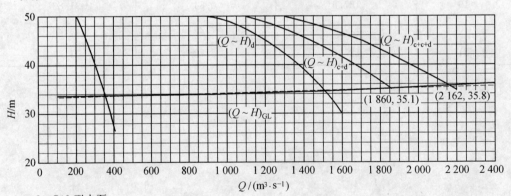

c：200S42 型水泵

d：350S44 型水泵

参考文献

[1] 袁一星,陈兵,赵明,等. 多水源供水分布及供水路径[J]. 中国给水排水,1999,15:44-45.

[2] 陈宇畅,唐三连,邵林广,等. 普通快滤池与 V 型滤池的性能比较[J]. 供水技术,2007,1(5):41-43.

[3] 崔玉川. 给水厂处理设施设计计算[M]. 北京:化学工业出版社,2003.

[4] 给水排水设计手册第二版编委会. 给水排水设计手册[M]. 北京:中国建筑工业出版社,2000.

[5] 任芝军. 高锰酸盐预氧化—生物活性炭联用工艺除污染效能与机制[D]. 哈尔滨:哈尔滨工业大学,2006.

[6] 康伟,胡海修,杜建. 饮用水除嗅味技术的研究进展[J]. 山西建筑,2008,34(3):191-193.

[7] 张杰,臧景红,刘俊良,等. 高锰酸钾预氧化替代预氯化的实用性[J]. 中国给水排水,2002,18(1):76-78.

[8] 陈忠林,王立宁,马军,等. 预氧化强化混凝去除颤藻及其嗅味的研究[J]. 中国给水排水,2003,19(5):13-15.

[9] 赵亮,李星,杨艳玲. 臭氧预氧化技术在给水处理中的研究进展[J]. 供水技术,2009,3(4):6-9.

[10] 齐鲁,梁恒,王毅,等. PPC 预氧化处理珠江水系受污染水的效能研究[J]. 中国给水排水,2008,24(9):101-105.

[11] ERIKA E H, SUSAN B W. Drinking water treatment options for taste and odor control [J]. Water Reserch, 1996, 30(6):1423-1430.

[12] MA J, GRANHAM N. Controlling the formation of chloroform by permanganate preoxidation—destruction of precursors[J]. Water Research, 1996(45):308-315.

[13] BERYL Z, SUAN B W. Actinomycetes in relation to taste and odour in drinking water: myths, tnets ans truths[J]. Water Reserch, 2006(40):1741-1753.

致　　谢

衷心感谢导师杜茂安教授对本人的悉心指导！在设计过程中遇到了不少困难，尤其是与实际工程联系较为紧密的问题。对于这些问题，杜老师在繁忙的工作中抽出时间进行了详尽、耐心的解答。四个月来，不论天气多么恶劣、时间多么紧张，杜老师自始至终坚持每周至少到设计室为同学们答疑两次，并询问进度，令我们十分感激！老师严谨的治学态度与认真负责的精神深深感染着我们，他的言传身教将使我终生受益。

感谢马军教授在本科阶段一直以来对本人的教导与鼓励！同时，对其他老师以及06级同窗们的热心帮助与支持也一并表示感谢！

张怡

2010 年 6 月 28 日